福野礼一郎
スポーツカー論 1

傑作スポーツカーを見抜く方程式

福野礼一郎 著

‖ まえがき ‖

みなさんこんにちは。福野礼一郎です。

本書「福野礼一郎スポーツカー論 傑作スポーツカーを見抜く方程式」をお手にとっていただき、どうもありがとうございました！

本書は自動車雑誌「GENROQ)ゲンロク」の連載記事「福野礼一郎の熱宇宙」の連載初回＝2018年9月11日に執筆し同誌2018年11月号に掲載した第1回から、2020年11月11日に書いて2021年1月号に掲載した第26回目までの26回分を加筆・訂正のうえ収録したものです。

「傑作スポーツカーを見抜く方程式」とは我ながらまたデカく出たものですが、もちろん「方程式」は単なる比喩です。

しかし「スポーツカーの極意とは1グラムでも軽く作るその軽量性にこそある」「そして軽ければ軽いほどスポーツカーはもっと軽くなれる」という本書の主張の根幹である「天使のサイクル」という認識を、わかりやすく誰にでも納得していただけるような具体的な数値として示すために、ニュートンの運動の第二法則である**「加速度＝力÷質量」**とそこから導かれる**「駆動力÷質量＝加速度」**という基本概念、発進時／制動時／コーナリング時などクルマが運動して加速度が加わったときにクルマに生じる前後左右の荷重移動を計算する3つの式＝**「減速時荷重移動率＝重心高÷ホイールベース×減速G」「加速時荷重移動率＝重心高÷ホイールベース×加速G」「コーナリング時左右荷重移動率＝重心高÷トレッド×求心力」**、発進加速時に、ある車速に達するまでの平均加速度を求める**「平均加速度（G）＝速度（㎞/h÷3.6＝m/s）÷加速タイム÷重力加速度9.81」**、同じくある距離に達するまでの平均加速度を計算する**「平均加速度（G）＝到達距離の2倍÷所要時間の二乗÷9.81」**、材料の曲げにくさ＝抗力を求める**「断面二次モーメント＝質量×距離の2乗」**など、簡単な計算式も適宜登場しますから、あながちまったく口からでまかせでもありません。

これらすべてを私に教えてくれたのは、自動車メーカーに勤務し、長年に渡って実際にクルマの設計を担当してきた本職のエンジニアのみなさんです。

古い読者の方はよくご存知でしょうが、1990年代初めごろから2006年くらいにかけて、私は本書の内容のような「スポーツカー論」を盛んに書き散らかしては雑誌に掲載してもらってました。そのころに何冊か、本書に似たタイトルの単行本も出ています。

当時書いていた「スポーツカーは軽ければ軽いほどいい」「ヨー慣性モーメントは小さい

方がいい」「クルマは短く幅広く重心高は低いほどいい」「ボディ剛性は高い方がいい」などの理屈は、経験から自分で導き出したものであって、まさに「自己流スポーツカー論」でした。

その勢いで調子に乗って出版した「クルマの神様」という月刊雑誌が大失敗、リーマンショックのあおりでクルマのレストア計画も途中放棄せざるを得なくなった私は、さしたる科学的裏付けもない持論をえらそうに開陳する己のライター活動のありかたに嫌気がさし、自動車のサプライメーカーを取材して歩いた「クルマはかくして作られる」の取材経験をもとに、自動車メーカーに出かけていって本職のエンジニアの意見や説明を聞き、それを原稿に書くという、本来の雑誌記者の仕事に専念するようになりました。

その過程で何人かの素晴らしいエンジニアとの出会いがありました。

所属するメーカーは違えど、彼らに共通していたのは「憤り」です。乗って走って感じたインプレはその人の主観なのだからともかくとしても、そのインプレをもたらしたメカや設計の理由を勝手に考え、あることないこと書き散らし、間違った情報を流布し続ける自動車評論家に対する義憤。そしてインターネットで広まっているクルマの技術や運動性に関する都市伝説に対する憤り。

エンジニアのみなさんは、そうした間違った認識や情報をなんとか正したい、自分たちの代わりにそれを誰かがなんとか正してくれないものか、そんな風に口々におっしゃっていました。

私がなによりも衝撃的だったのは、自分自身がそのぼんくら自動車評論家の一員であるだけでなく、ネットで広まった都市伝説のいくつかは間違いなくむかし私が自分で勝手に考え、雑誌の記事に書いて単行本にまとめて世に出した「クルマ論」や「スポーツカー論」に他ならなかったということです。皆さんもきっと覚えておられるでしょう。「ホイールベースは短いほどえらい」「ホイールベース／トレッド比は小さいほうがいい」「ヨー慣性モーメントは小さい方が資質が上」、ああいうたぐいの物理的資質論です。

「ホイールベース／トレッド比の数字が云々なんていうのは、素人が考えた都市伝説の最たるもんですね」「ヨー慣性モーメントを小さくしたいならミドシップにするよりクルマを軽く小さくした方がずっと効果的だし、そもそもヨー慣性を小さくすれば操縦性が良くなるなんてこともない。ヨー慣性が支配的なのはコーナリングの過渡だけ、それにたとえF1ドライバーだってなんとかコントロールできるヨー共振周波数はせいぜい4Hz（1秒間に4回ハンドルを振る）くらいでしょう」

まさにぐうの根もでませんよね。赤面してうつむいているしかないです。

でもたまには「あ、それに関しては自分も正しかったんだ」「私が書いたことにも一理あったのか」と勇気付けられたこともありました。

「ボディ剛性は高いほどいい」

「クルマは軽ければ軽いほどいい」

これなどその例です。

後者については2007年に印象的な出来事がありました。皆さんもよくご存知のある国産スーパースポーツカーが登場したとき、「クルマは重ければ重いほどいい」という論が世間にまかり通ったのです。

「スポーツカーは重い方がいい。なぜなら4輪にかかる荷重が大きくなってトラクションが増すからだ」。

なにしろ本職が言っていることですから、反論できませんでした。ボディ剛性の件はともかく、「軽いほどいい」の件にはそれ以来なんとなく自信と確信が持てなくなって、私のスポーツカー論はそのまま宙ぶらりんになってしまいました。

これを思い切って切り出してみると、エンジニアたちは一笑に付して「そんなもんデタラメですよ」「エンジニア得意のセールストークなんですから、言いくるめられちゃダメですよ」と簡単な計算式まで添えてあっさり論破してくれました。

10数年間胸につかえていたものが、すっかり取れた瞬間でした。そしてこの一件が自信の回復につながりました。

こうしてエンジニア・グループに集っていただいて、初歩からクルマの勉強をし直すという連載記事「クルマの教室」がスタートしました。

4年間の連載で、私は一人の生徒＝クルマ初心者としていろんなことを学び、間違って書いて都市伝説までになってしまった知識を正し、「軽ければ軽いほどいい」のような論のいくつかはエンジニアリングの観点からより正確にバックアップしていただき、そこに新たな知識と知見を加えることで、自動車ライターとしてのどん底からなんとか這い上がることができました。

お読みになればバレバレの通り、本書はその「クルマの教室」の「完全受け売り版」です。

お恥ずかしいことに「クルマの教室」では無知で愚かな生徒に過ぎなかった私が、ここではえらそうに先生ヅラして登場し、「GENROQ」の永田編集長を相手に「スポーツカー論」を語ります。

さすがに我ながらなさけなくなって、先生のエンジニアにあれこれ言い訳したりもしたんですが、「知らないことを人様に教えてもらい、頭を使ってそれを理解し、自分の知識に変えて蓄積し、それをよりわかりやすく人様に伝えて教える、これこそ『勉強』というものじゃないですか」と励ましてくださいました。

エンジニアの方々に教えていただいた自動工学や内燃機工学のなかには、私のアタマでは到底理解できない内容も多々ありました。「クルマの教室」の連載時には、座談時のパソコン画面を撮影した動画を何度も何度も再生し、一言一句聞き逃さずにメモに書き、なんとか9割くらいまでは理解して自分の言葉で記事にしましたが、そんなものは一夜漬けの試験勉強みたいなもんですから、試験が終わればそれで終了、頭の中から消え去ってまったく自分の身にはなりませんでした。エンジンの設計で駆使される熱力学や流体力学の関連なんてその最たるものです。

本書の記事ではそういう事例については「わかったふりして知ったかぶりで書く」、これだけやらかさないよう心がけました。教えていただいて納得し理解し、自分の知識として身につけたこと、それを駆使して自分の言葉で座談して書く、それを方針にしました。

そうした理由がもうひとつあります。「知ったかぶり」くらいの生半可な論法では永田さんを論破できないからです。

本書のもう一人の登場人物、自動車雑誌「GENROQ」の編集長の永田元輔さんは、私と一緒にクルマの横に立って写真に映っている人。90年代には私が書いた記事や単行本もよく読んでいてくださっていたそうで、都市伝説も含めて私のクルマ論とスポーツカー論には詳しい方です。

「福野さんがむかし書いていた毒舌スポーツカー論は面白かった。あれでいろいろ勉強しました。昭和元禄もいいですが、ここらでもう一度、あのころみたいなスポーツカー論＋スーパーカー論をうちでやってくれませんか」

GENROQの編集長に(2度目の)就任をしたとき、永田さんはそう声をかけてくれました。

エンジニアに教えていただいた内容をオウム返しに人様に講釈する、その恥ずかしさもあえて承知の上で本書の記事を永田さんとの座談形式にしたのは、永田さんは「クルマの教室」におけるおとなしくて無口な私と違って、頑固で一途で聞き分けがなく、ちょっとやそっとのことでは持論自説を曲げようとしない「社内でも有名な頑固者」だからです。

永田さんになにかを説明し説得し、納得させ、彼の反論を論破する、これは並大抵のことではありません。

本書をお読みになればおわかりの通り、ご自分が信じるスーパーカーの必須条件である「V12エンジン」「最高速性能や加速性能などの数値データ」、とりわけご自身が所有され愛好されているポルシェ911については、永田さんは一歩も譲ろうとしません。

こういう人こそ私の内側から「ない知恵」を引きずり出してくれる相手です。

永田さんを説得し論破するには私だけの力じゃ到底無理、エンジニアの先生たちの助けやリモート応援を何度も仰ぎました。座談の相手が永田さんだったからこそ、本書の内容はより奥深くなったといえます。なんでも「はいはい」「そうですね」と納得し、すぐに言いくるめられてしまう私のような根性のないイエスマンが相手なら、本書はこんなに面白くならなかったでしょう。とりわけこっちが半分ムキになって永田さんを論破したポルシェ製スポーツカー論評(本書第8章と第9章)は本書の白眉、おそらく世界でここでしか読めないスポーツカー論になっていると思います。

でも永田さんはまったくめげない(笑)。

「それでも私はポルシェが好きです」

あっぱれですね。

その通りです。

「好きか嫌いか」と「いいか悪いか」はまったく別の概念です。「好き」だからと言って「いい」と強弁し、「嫌い」だからといって「だめだ」と論じようとするなんてお子様ランチ、永田さんのように「よくないのかもしれないがオレは好きなんだ文句あるか」「オレは嫌いだがクルマとしては出来がいい、それは認める」、こういって余裕で笑うのが大人の懐というものです。

本書には至る所に毒がありますが、ぜひ永田さんのように笑い飛ばして楽しんで、素敵なカーライフとカー談義のネタにしてやってください。

どうもありがとうございます!

2022年5月15日　福野礼一郎

CONTENTS

福野礼一郎 スポーツカー論 1
［目 次］

プロローグ

「天使のサイクル」とは何か
「絶望のサイクル」とは何か
「スポーツカーの勲章」とは何か

ケータハム・セブン 160

大型台風の接近が伝えられる2018年9月3日(月)夜7時。東京・丸の内。

皇居外苑前を南北に走る日比谷通りと並行して、ザ・ペニンシュラホテルの裏手から東京駅前の行幸通りまでを結ぶ通称「丸の内仲通り」には、華やかなブティックやショップが軒を並べ、昼間のように明るい。大正初期にはこの裏通り沿いに赤煉瓦のオフィスビルが立ち並んで「三菱村」と呼ばれていたという。

いまから44年前の1974年8月30日正午過ぎ、この通りの右側にいまも建つ丸の内二丁目ビル、当時の三菱重工東京本社ビルの1階入り口付近で時限爆弾が爆発、多くの死傷者が出るという卑怯千万なテロ事件が発生した。私の父の知り合いはあの爆弾で命を落とした。いま会社帰りにウインドウショッピングをしている人たちは、この通りでかくも凄惨な事件があったなどという事実さえ知らないだろう。

通りがかりの方　あのすみません、クルマの写真撮らせてもらっていいですか。

福野　もちろんです。我々だってこのクルマ、ディーラーから借用して撮影してるんで。

通りがかりの方　軽のエンジンのやつですよね。

福野　車重490kgしかないので軽でも加速鋭いです。

通りがかりの方　欲しいなあ。

福野　人生変わりますよ。

篠原カメラマン　撮影OKです。

通りがかりの方　どうもありがとうございました。

福野　ありがとうございました。

永田　じゃその辺一周しましょう。(助手席に乗り込む)

福野の運転でゆっくりと走り出す。

永田　(助手席で)ひさしぶりにケータハム乗りましたが、やっぱいいですね。いつもの丸の内仲通りが完全に異次元に見えます。ブレードランナーの世界に入りこんだみたい。車体が軽いせいか軽自動車だとほとんど気にならないターボラグが、となりに乗っていてもはっきり感じ取れるのが面白いです。でもやっぱなんといっても不思議なのはこの乗り心地ですね。サスががちがちに硬くてストロークもほとんどなくて、フロントのストロークなんて30㎜くらいじゃないかってくらいなのに全然乗り心地が悪くない。なぜなんでしょうか。

福野　軽いからですよ。ニュートンの運動の第二法則は**「加速度＝力÷質量」**、加速度の大きさは力の大きさに比例し質量に反比例する。つまり同じ加速度なら軽ければ軽いほど加わる力は小さいってことです。それに対してこのクルマはボディ剛性も局部剛性も相対的に高いから、ボディが変異せずにサスがしっかりストロークしてダンパーが働く。なので揺れが一瞬で減衰するんですね。普通のクルマみたく、どだん、どしんっ、ずしんって響かないでしょ。上下動やショックが入ってもがつ、ごつ、がつと一瞬一撃を繰り返すだけで、尾を引く振動の「響き」「余韻」ってもんがゼロ。

永田　これはそういう乗り心地ですか。言われてみれば確かにそうです。でもボディ自体の剛性とかは華奢なわけですよね。

福野　質量に対して相対的には華奢じゃない。その反対です。

永田　ボディ剛性というのはボディの強さ

弱さの尺度ですよね。

福野　えーと、その言い方だと誤解が生じますね。剛性と強度は別の概念ですから。「剛性」とは「梁のばね定数」のことです。「梁」というのは、素材の変形を論じる学問である材料力学で使う物理モデルのことですが（機械式時計のように素材の変形を前提としていない原始的で単純なからくり機構は機械力学の範疇）、どんな材料で梁を作ったとしても捻ったり曲げたりすれば変形します。そしてある範囲内なら力を抜くと元の形に戻る。この範囲を「弾性変形域」あるいは「弾性域」と言います。弾性域における梁のふるまいは、ばねの変形とまったく一緒です。ばねというのは素材の弾性変形を利用した機械装置です。つまり「剛性＝ばね」と考えていいです。

永田　剛性＝ばね。

福野　振動の学問では、机の上にばねを置き、その上に重しを乗せた状態をモデルにして考えます。上から重しを指で押せばばねは縮みます。指の力を抜けばばねは元に戻ります。力を受けているときにボディに生じている弾性変形はこれと同じです。どれくらいの力で押せばばねがどれくらい変形するか、その尺度が「ばね定数」ですが、**ボディの剛性値とはつまりボディのばね定数のことです**。

永田　ボディ剛性値＝ボディのばね定数。

福野　このとき「ばねの上に乗っている重りの質量が車重」と考えます。同じばね定数なら、重りが重いほど相対的にばねは柔らかくなります。

永田　なるほど、そういうことですか。それならスーパーセブンのボディの剛性が相対的には非常に高いということが納得できます。

福野　モノコックボディというのは梁を複雑に組み合わせた構造ですから、弾性変形はそれぞれの部位ごとにばらに生じています。例えばサスの取り付け部の周囲の剛性が低いと、路面からの入力が入るとサスを取り付けているその土台そのものがまず弾性変形して逃げてしまうという、びっくりするような現象が起きます。この場合、路面からの力がサスを動かす力に直接変換されず、まずボディを変形させることに使われてしまうのです。サスが一瞬上下動しなければ、シャフトのストロークによって減衰力を生じているダンパーも一瞬作用できません。したがって一瞬、路面からの力がボディにじかに伝わってしまう。ボディにはダンパーはついてませんから、ボディに入力が入ってしまった場合は減衰できず、どしんときてからどららんっと情けなく響いてしまいます。逆に**サス取り付け部の局部剛性が相対的に高ければ、サスがすらっと動いてダンパーのシャフトを作動させ、直ちに減衰力を発生します**。この理屈はコンピューターによるシミュレーション解析ができるようになって初めて可視化して立証できるようになりました。操縦性や乗り心地にとってはボディ剛性だけではなく局部剛性も重要です。

永田　なるほど。局部剛性の低い旧車にいくらいいダンパーつけたって無駄なんですね。すみません、聞いているとどんどん疑問が湧いてくるんですが、ボディが重いほど入力が大きくなるというなら、ボディが重いクルマほど剛性も局部剛性もそれだけ高くないといけないわけですが、ということになると「剛性値」なんて数字には意味がないことになりますが。

福野　まさしくその通りです。まったく意味ありません。荷重の条件がないのにばね定数を云々したって意味ないのと同じです。なので「剛性が高い／低い」より「剛性感が高い／低い」という言葉を使うほうが表

現方法として適切です。自動車メーカーでもボディ剛性の比較の指標には、剛性値ではなくて「共振周波数」という数値指標を使っています。ボディを加振器で加振して共振する周波数を測定し「共振周波数が高い」なら「車重に対して相対的にボディ剛性が高い」と考えるわけです。

永田　だけど「共振周波数」っていうのはいわば「振動しやすいかしにくいか」の尺度ですよねえ。

福野　ボディ剛性≒ばね定数、加速度＝力÷質量ですから、ボディの比剛性を、振動のしやすさ・しにくさで判断するのは正解です。スーパーセブンは角断面の引抜鋼管を溶接した簡素なスペースフレームにアルミのスキンをリベット止めした構造で、決してボディ剛性値＝ボディ剛性の絶対値は高くありませんが、ばねの上に乗ってる重り＝車重が軽いので、ばね系としての共振周波数は高いということです。

銀座中央通り

カルティエ、ブルガリ、ルイ・ヴィトン、シャネル、4つのブランドのビルが軒をつき合わせている銀座2丁目交差点は煌々と輝く金色のライティングで真昼のような明るさだ。

信号待ちで停車しているセブンにここで乗っていると、道路のど真ん中で地面にしゃがんでいるくらいの目線の低さである。腕をそのまま下に伸ばせば日中の温もりがまだ残るアスファルトの路面に手のひらをぺったりくっつけて触ることができる。昔は灰皿代わりに地面で煙草を消していたスーパーセブン乗りがいた。

青信号で少し加速。

エンジンはスズキの軽自動車用直列3気筒ターボ658ccのK6A型。

1998年に軽規格を小変更した際に、ブロックをそれまでのF5A／F6A型の鋳鉄からアルミへ、動弁機構をベルト駆動からチェーン駆動DOHCに改めて、5代目HA12型アルトワークスのフロントに横置き搭載してデビューしたエンジンだ。2011年には次世代のロングストロークのR06A型がデビューしているので、スズキの軽ユニットとしては1世代旧型である。

ケーターハムがスズキ自動車から供給を受けたのは、3代目ジムニーJB23型用の縦

置き仕様ユニットと5速変速機、そしてエブリイ用リヤホーシング。スチールホイールもエブリィ用だ。ただし550cc時代に馬力競争で頂点に立ったアルトワークスの出力を基準に決められて以降、いまも実施されている軽自動車の64PS自主規制は海外メーカーであるケータハムには不適用。出力は80PS／7000rpm、107Nm／3400rpmだ。

3気筒独特のころころとした愛嬌のあるエンジン音に、ばんからなエギゾースト音が加わって、古典スポーツカー的な小気味いい音をたてて軽やかに突進する。

永田　たった80PSとは思えないくらいシャープな発進です。特に走り出しの突進感がすごい。

福野　なんせ軽いですからね。490kgだもん。このパワーウエイトレシオからするとちょっと1速ギヤ比が低いですけどね。変速機ギヤリングがジムニー用のままなんで、1速で5000rpmまで回しても25km/hしか出ないし、1-2速のステップ比が1.7とやや開いてるんで、2速につなぐと回転が最大トルク発生回転より低い3000rpmに落ちちゃう。シャープにつないでいくなら1速で6000rpmまで回さないといけないので、ちょっとストレスがあります。

永田　でもジムニーよりファイナル(最終減速比)を上げてあるんですよね。

福野　4.3から3.909に上げてますが、タイヤ径もジムニーより6%小さくなってるんで、各速到達車速は3.2%しか上がってません。ちなみにスズキ・カプチーノ(91〜98年)のギヤリングを調べたら、1000rpmあたりの車速は各速もっと伸びてました。カプチの場合は1速でレブリミットの6800rpmまで回せば約42km/h、2速には最大トルク発生回転数より高い4000rpmで繋がるという適切なギヤリングです。ただしセブンより200kgも重いから加速は遅かったでしょうけど。

永田　200kgも重いんですか？

福野　カプチーノ＝690kg。パワーウエイトレシオでいうとセブンがトンあたり約163PSに対してカプチーノは92.7PS/tしかありません。ホンダS660は64PSで車重830kgもあるから、セブンの半分以下の77.1PS/t。どんだけセブンが軽くて強力かわかるでしょう。街中では2速発進できるくらいパワーに余裕があるから、もうちょい1速〜3速のギヤリングを高くできたら伸びが良くなると思います。ギヤリングを上げると常用回転域が低くなるからストレスも低減する。街中で7000rpm、8000rpmかんかん回ったほうがライディング・プレジャーは高いとおっしゃる方もいますが、社会的にも騒音迷惑だし､乗っててストレスも溜まりますよ。低速トルクが痩せたヤマハのバイク用エンジン(FZR1000用4気筒145PS)を積んだライトカンパニーのロケットは車体が軽くて馬力があった(414.3PS/t)けど、普通に60km/hで走るだけでも6000rpm回さなきゃいけないので、ものすごいストレスでした。みなさん静かに走ってるのに、なんでひとりだけキャンキャン回して走ってるんだという。

永田　「音だけ速い」ってやつですね(笑)。車重が軽いだけではなくて、エンジンのフレキシビリティと中低速トルクもライディング・プレジャーにとっては重要だと。このクルマは660ccしかなくても低速で粘るから、その点ストレスはまったくないですね。

CATERHAM

回転の途中からターボが効いてきて音が変わって、加速が一段と鋭さを増すのが気持ちいいです。軽い車体だとターボラグがはっきり体感できます。

銀座4丁目の交差点を右折して日比谷方面へ。

永田　コーナリングもなんというのか、クルマの常識からするとほとんど魔法みたいです。まったくロールせず地面に吸いついたまま、線路の上を走ってるみたいにそのまま曲がって行きます。純粋に横Gだけ感じます。すごい。

福野　デフォルトのアライメント設定でフロントの操舵応答性をかなり上げてあるんで、転舵すると急激にヨーがつく。これは嫌ですねえ。転舵速度がちょっとでも速いと、そのまま巻き込んで発散(＝スピン)しそうな不安感があります。平坦路で後輪に荷重が掛かってる場合はグリップしてますが、例えば下り坂でスピードが出てたりした場合、このゲインの高さはちょっとあぶないね。低速／一般路で「楽しい操縦性」、筑波のヘアピンでもアンダー出さない、たぶんそういうねらいなのでしょうが、自分なら前輪を真っ直ぐ立ててヨーゲイン落としてアンダー強くします。

永田　普通はリヤタイヤを太くしますよね(笑)。

福野　いや操縦性のフィーリングも乗り心地も悪くなるので街乗りならその方法はアタマ悪い。アンダーステアなら運転(→前荷重からの早め操舵)でなんとでも消せる。

永田　隣に乗ってるとあやうい感じはまったくありません。

福野　ドライビング・フィールっていうのはいろんな要素が総合して決まってくるわけで、アライメントなどの微妙なセッティングがハンドリングの印象を大きく左右する場合もあります。このクルマもギヤリングやフロントアライメントの設定に若干違和感があって、それがちょっと気になりますが、だとしても「楽しい」「気持ちいい」「速い」「軽快」といった爽快な魅力はゆるぎません。それはやっぱり基本的な条件がいいからです。セブンの魅力は車体が軽いて小さくて低いこと、すべてそこから出発しています。80PSしかないのにこんなに速いのは重量当たりの馬力が大きいから。乗り心地が良いのはタイヤが細くて入力が小さいことに加え車重の軽さの割りにボディ剛性やサス取り付け部の局部剛性が高くサスがよく動いて上下動を適切にダンピングしてるから。コーナリングのライントレース感がすばらしいのは車体が軽いため同じ速度で回っても求心加速度が小さく、さらに重心高も低くてほとんどロールを生じないから。車体が軽くて運動エネルギーが小さいから減速もいい。ブレーキが効くというよりもアクセルをオフるだけでエンブレですぐ車速が落ちますよね。クルマ自体に作用してる慣性力が信じ難いくらい小さいんですよ。

永田　でも車重が軽いと駆動輪荷重も軽いから、トラクションが低くなるって説もあります。車重が重い方がトラクションは有利と。

福野　そんなことない。そんなのまったくデタラメ。発進加速度の限界はもちろんトラクションで決まりますが、**トラクションを左右する要素は駆動方式、前後重量配分、**

ホイールベース、重心高、そしてμです。自動車メーカーのエンジニアがだーっと一連の例を計算して出してくれましたが、例えばFR車で重量配分50対50、車重1600kg、ホイールベース2600mm、重心高450mmという現代の平均的なスペックのスポーツカーがあったとすると、タイヤと路面のμが1.2のとき、そのクルマが加速できる0→100km/hの限界タイムは3.74秒です。それを達成するために必要な馬力は計算上467PS。馬力がそれ以下ならこのタイムは出ませんが、それ以上の馬力があったとしてもホイールスピンして駆動力が流出するだけでタイムは短縮できません。この条件ではこのタイムが理論限界です。

永田　それは具体的にどういう計算式なんですか？

福野　いずれ詳しく説明します。

永田　μというのは路面の条件ですよね。

福野　路面とタイヤの条件です。ハイグリップタイヤでもウエット路面ならグリップは低下するし、サーキットの高μ舗装でも磨り減った細いタイヤならグリップは出ない。μは路面とタイヤの両方で決まります。

永田　馬力をそれ以上あげられないなら、加速タイムを縮めるにはμを上げるか、駆動輪荷重を高めるか、ということですか。

福野　そうです。さきほどの物理モデルの場合、もしμが1.3だったら限界加速タイムは3.38秒に上がります。ただしさっきの467PSではそのタイムは出ません。計算上518PS必要です。ここがちょっと面白いとこですね。同じ物理モデルで駆動輪荷重を高めるために、車重もホイールベースも重心高も同じままミッドシップにして重量配分を40対60にしたとすると、トラクションが上がってμ＝1.2でも545PSで3.21秒いきます。μ＝1.3なら602PSで2.91秒。

永田　トラクションが上がるのとμが増えるのは同じことで、トラクションかμが高ければ加速は速くなるが、限界を達成するにはもっと馬力がいると。

福野　例えば4WDにしてうまく制御すればトラクション効率を100％にできますから、μ＝1.3で802PSあれば0→100km/h加速2.18秒も可能です。

永田　なるほど。すべて計算で求めることができちゃうと。

福野　クルマには相対性理論はいりませんから、ニュートン物理学の簡単な計算で出ます。でもそういう加速をするために、実は500PSだの600PSだのそんなアホみたいな馬力はいらないんですよ。なぜなら**車重がもし半分なら、同じタイムをだすために必要な馬力は半分でいい**から。ここが物理の面白いとこです。重量配分50対50のFR車の同じ物理モデルで、もし車重が半分の800kgだったとしたら、μ＝1.2の限界加速タイム3.74秒を出すために必要な馬力は233PSでいい。車重がセブンと同じ490kgなら143PSでいい。

永田　マジですか？　143PSで0→100km/h3.74秒？

福野　同じ条件で重量配分40対60のミッドシップで車重800kgなら、273PSあればμ＝1.2で0→100km/h3.21秒出ます。μ＝1.3なら300PSで2.91秒可能。もし車重490kgなら、同じ加速は184PSで出ます。ようするに車重の重さとトラクションの大きさの間にはなーんの関係もない。それどころか車体が

軽ければ同じ加速をするのに必要な馬力が小さくて済むんですよ。

天使のサイクル

永田　数字には説得力がありますねえ。軽量化がそんなに効くとは思いもしませんでした。

福野　まあ逆に言えば、ボディを軽量化してもパワーウエイトレシオが同じなら加速も同じということですが、コーナリングやブレーキングについては軽量なクルマの方が圧倒的に有利です。さっきから言っているようにクルマ全体が軽量になれば相対的なボディ剛性も高くなります。クルマが軽ければタイヤ／ホイールが細くていいし、サスアームなどの部材の比剛性も上がるからばね下が軽くなります。軽いクルマはサスのばねが支えなくてはいけない車重が軽いので、ばね定数が低くていいし、力＝質量×加速度だから同じ速度なら入力自体も小さくなり、それに対して車体の剛性と取り付け部の局部剛性が相対的に高くなって、入力が入ってもサスの取り付け部のボディが変形せず、サスがすっと縮んでダンパーが即座に振動を減衰できます。ばねがソフトでばね下が軽く振動減衰がいいんだから、フラットで乗り心地がいい。うねりや段差にもあおられない。セブンの乗り心地がこんなにいいのはだからです。

永田　衝突安全はどうですか。

福野　車重が半分になれば吸収しなくてはいけない運動エネルギーが半分になるので、衝突安全構造を簡素化できて同じ車体サイズなら軽量化できます。ただし衝撃を吸収するためのクラッシャブルストローク＝ノーズから運転席までの距離はある程度必要ですが。

永田　なるほど。正面からぶつかる場合に限ったらノーズから座席までが長いのでスーパーセブンはそれなりに有利ですね。

福野　軽いクルマだとサスもダンパーも華奢な構造でいいので、より軽くできます。軽いクルマならタイヤもホイールも細くていいので軽量化が可能です。軽いクルマは同じ加速度で牽引するのに馬力が少なくてすむので燃費がいいため、同じ航続距離なら燃料タンクを小さくできるので実車重量が軽減できます。コーナリングの発端の「曲がりやすさ」を左右するのは車体の重心を通るZ軸周りの慣性モーメント（＝ヨー慣性モーメント）の大小ですが、この値はおおむね車体サイズの5乗に比例して大きくなりますから、クルマが軽くなれば機動性が高くなります。

永田　すべてがなしくずし的に良くなっていく。

福野　これを**「天使のサイクル」**といいます。

永田　天使のサイクルですか！　いい響きですねえ。てことはもしかしてクルマには「悪魔のサイクル」もあるってことですか。

福野　例えば最高速から出発しましょう。最高速度というのは空気抵抗と駆動力が釣り合うところで決まり、空気抵抗は空気密度ρが一定なら走行速度、ボディの抗力係数（Cd値）、前面投影面積A（㎡）で決まります。しかし車体形状はパッケージとスタイリングで左右されますから、Cd軽減の自由度はさほど大きくないし、居住性を考えると車内の横断面積も小さくできません。だからCd値と前面投影面積の積（Cd×A）の低減には限界があります。したがって同クラスのスポーツカーならば最高速の高さはほとんど馬力で決まるといっていいでしょう。**他の条件一定なら最高速度はおおむね馬力の3乗に比例します**。例えば125PSで200km/h出るスポーツカーがあったとします。ちょうど昔のロータス・ヨーロッパみたいなクルマですね。このクルマで1.5倍の300km/hを出すには、1.5倍の3乗＝3.375倍の出力、つまり422PSが必要です。

永田　そういう話ですか。ということはロータス・ヨーロッパとCd×Aが同じくらいのカウンタックLP400では、もし仮に385PS出てたとしても、死んだって300km/hは出なかったってことですね（しかも海外のベンチテストで明らかになったLP400のエンジン出力はざっと340PS前後）。

福野　じゃあ同じそのクルマで400km/hを出したいなら必要な馬力はどれくらいですか。

永田　えーと200km/hの倍の400km/hにしたいんだから必要馬力は2倍の3乗＝8倍ですか。

福野　正解。125PSの8倍は1000PS、要するに**これがヴェイロンが1000PSでなけ**

ればならなかったその理由です。

永田　うーん、そういうことか。

福野　馬力とは「トルク×エンジンrpm」のことです。トルクはおおむね排気量に比例します。大馬力を出すには気筒あたりの排気量が大きいシリンダーをたくさん並べ総排気量を大きくし、さらに高回転まで回す必要があります。そういうエンジンは重いですな。もちろんターボならば同じ馬力をおよそ半分の排気量で出せますが、実はターボ化で小型軽量化できるのはエンジン本体だけで、変速機、駆動装置、冷却装置、吸排気系などは出力に応じてサイズが決まるため、ターボにしてもぜんぜん小さく軽くできません。ターボ、インタークーラー、ウエイストゲートなどの補機類の質量はむしろ増加します。馬力があればシャシーを頑丈に作らなければいけないので、CFRPなどの比剛性の高い材料を使わないと重くなります。燃料タンクも大きなものが必要ですから走行重量は重くなりますね。馬力があると重いクルマでもコーナリングが速くなるため、重くて太いタイヤと重い幅広ホイールがいります。またそういうクルマを安全に制御するためにはヨー制御などの制御装置が不可欠になり重量が増加します。重いクルマは運動エネルギーが大きいため強力なブレーキとその制御機構が必要で、これは重いです。また運動エネルギーが大きいと衝突安全性の確保のために複雑なエネルギー吸収構造が必要で、さらにクルマが重くなります。トラクションの確保のため4WDにすると重くなるし、モーター補助駆動4WDにするとバッテリーで重くなります。

永田　まさに重量増加の連鎖。これが悪魔のサイクルですか。

福野　「絶望のサイクル」と呼んでもいいでしょう。いまのクルマすべてが陥っているダウンスパイラルがこれです。「軽量化」「軽量化」と叫びながら年々クルマは着実に重くなってる。絶望のサイクルからどうしても抜けられない。このままいけば地獄に落ちる。

永田　でも最高速はスーパーカーの勲章ですからねえ。

福野　最高速なんか勲章でもなんでもないですよ。その証拠にヴェイロンが出て以降、フェラーリだってランボだって最高速競争から離脱してるじゃないですか。最高速なんかちょろい技術です。**ヴェイロンで500㎞/h出すには1953PSあればいい。600㎞/h出すには3375PS、700㎞/h出すには5359PSあればいい**。どうしても900㎞/h出したきゃ旅客機に乗ればいい。それだけの話でしょ。そんな速度で走れる公道もサーキットも世界にはない。そんなものが勲章だなんてアホかと思いません？　スポーツカーが目指すべき目標は絶対に最高速なんかではない。さっき計算で立証した通り馬力も0→100㎞/h加速も勲章なんかにならない。スーパーカーが目指すべきなのは「軽さ」ですよ。車重800kgのミッドシップなら280PSで0→100㎞/h3秒台、コーナリングもブレーキングも操舵応答感もボディ剛性感も抜群、ついでに燃費も乗り心地もよくなって、軽量ならCFRPみたいに高価な材料を使う必要がないからコストも安い。「ドライビング・プレジャー」も「ライディング·プレジャー」も最高、こういう「万物万能の物理的資質」こそ「勲章」というんです。違いますか。

永田　でもV12はやっぱロマンです。

福野　目的より手段のほうが重要だってことですよね。わかります。タイガー戦車や戦艦大和やデススター同様V12スーパーカーも確かに昭和のロマン、それに異論ありません。私だって12気筒フェラーリのレストアに挑戦してみましたから。でもクルマとしてみれば現在のスーパーカーはスーパーどころか、悪魔のサイクルのなれの果てです。

永田　私はそこが好きなんですが。

福野　はい。アメ車の旧車乗りの方もよく言ってます。「デカくてダサくてバカなところがかわいいんだ」って。スーパーカーファンの方もぜひそうおっしゃってください。「スーパーカーってデカくてマヌけてバカなところがいいんだよ」って。その自負であればぜんぜん間違ってません。

SPECIFICATIONS

ケータハム・セブン160

■ボディサイズ：全長3199×全幅1470×全高1090㎜　ホイールベース：2225㎜　■車両重量：490㎏　■エンジン：直列3気筒DCHCターボ　総排気量：658cc　最高出力：58.8kW（80PS）／5500rpm　最大トルク：107Nm（10.9kgm）／3400rpm　■トランスミッション：5速MT　■駆動方式：RWD　■サスペンション形式：Ⓕダブルウイッシュボーン Ⓡマルチリンク　■ブレーキ：Ⓕディスク Ⓡドラム　■タイヤサイズ：Ⓕ&Ⓡ155/65R14　■パフォーマンス　最高速度：160㎞/h　0→100㎞/h加速：6.9秒　■価格：394万2000円(2018年当時)

02

ブレーキ性能とトラクション
ヨー慣性モーメント
瞬間中心とアンチロール率
しかしすべてを決するのはバランスだ

アルピーヌ A110

2018年10月25日(木)夜7時。

青山通り青山2丁目交差点から真正面の絵画館に向かって参道のようにまっすぐ伸びる神宮外苑銀杏並木通り。アンガスビーフバーガーがうまいShakeShackの前にアルピーヌA110が停車している。

円周道路まで300m続く幅員16.5m片側3車線の道の両側には9m間隔146本の銀杏が植えてある。最大の個体は造営から91年間で高さ28.0m、地上1.2mの幹周囲寸法(=「目通り」)2m90㎝という巨木に育った。

「絵画館」こと聖徳記念絵画館とそれを楕円形に取り囲む円周道路が48万6000㎡の神宮外苑の中央部にあって西洋式庭園の趣を呈しているが、敷地内には2つの野球場(神宮第1/第2)、テニスコート、バッティングセンターなどのスポーツ施設も併設されており、西端の霞ヶ丘地区では2019年11月末の竣工を目指して新国立競技場が建設中だ。

1.5㎞ほど離れたところにある明治神宮は明治天皇を祀った祭祀施設として1920年に国費で造営、一方神宮外苑は献金によって国民が明治神宮に奉納した。スポーツ設備も「奉納」という観点から神宮外苑造営の当初コンセプトだったというが、戦後ここを接収した米軍が庭園の中庭にまで野球場を増設しまくったため、状況がエスカレートした。

格式ある様式美の威厳とスポーツを楽しむ庶民性がごたまぜになったところが、神宮外苑の魅力っちゃ魅力だが。

7時でも周囲はもう真っ暗。

篠原カメラマンは並木道におおむね30〜40mおきに立っている水銀灯の下にA110を停車し、そのわずかな光で写真を撮っている。ポジフィルム時代だったら考えられない技だ。「ブルーアルピーヌメタリック」はスタイリングにどん決まり、暗闇で見れば1963年から77年まで作られた初代A110に一瞬見えなくもないが、それ言うならブルメタのBRZに見えなくもない。

永田　本日お借りしてきたのは790万円の「ピュア」です。全長4205㎜、全幅1800㎜、全高1250㎜、右ハンドル日本仕様の車重は1100kg。軽いです。重量配分は44：56。ロードスターと比べると290㎜長く65㎜幅広くてグレードによっては40〜110kg重いですが、同じ1.8ℓでもこちらはターボつき252PS/320Nmですから、ロードスター(132PS/152Nm)の倍くらいパワフルです。

福野　いま見たら車検証記載重量は1110kgで前軸重480kg、後軸重630kgでした。つまり正確な前後重量配分は43.2対56.8でカタログ値よりもさらにリヤヘビーです。ミドシップとはいってもFF用横置きユニットをそのままリヤに積んだだけですから、パワートレーン重心は後車軸の真上近くにあります。FF横置きユニットはエンジンと変速機が一体のパッケージになっててパワートレーン重心と駆動軸の関係が切り離せませんから、ホイールベースを長くしようが短くしようが車軸がエンジンを連れ回って必ずリヤヘビーになります。同じミドシップでもFF横置きパワートレーン流用ミドはその意味でミドの価値が低いというのが30年前から変わらない私の考えです。

永田　横置き流用だとエンジン全高や重心高も高くなりますか。

福野　このエンジンの場合は後方排気です

から、パワートレーンの重心高自体は縦置きFRのパワートレーンと同じくらいでしょう。ただしツインカムにVVTにEGRなどの制御機構がヘッドにごたごたついてるし、ターボ+ウエイストゲートなどもついてますから、エンジン全高や重心高は当然むかしのエンジンより高めです。このクルマは地上高も着座位置もスポーツカーとしてはやや高めだから、車両重心高も本物のA110と比べるとちょっと高いと思います。

永田　でもRRからミドシップになったんだから進歩したとはいえませんか。

福野　名称分類上はね。すみません、ちょっとそこ持ってもらえますか(シートのスライド位置をもっとも前に出して前輪から着座位置までの距離をメジャーで測定、同じことをシートスライド後端位置でも行い、その平均値を算出する)えーと、前軸中心から着座中心まで約1500㎜。側面図からの算出値とほぼぴったりですね。クルマのかなり後方に座ります。

篠原カメラマン　ここの撮影はこれでオッケーです。

永田　了解です。

福野　クルマのパッケージレイアウトと運動性の資質との関係を見るなら、クルマを真横、真上、前後からそれぞれ見ながら考えていくとわかりやすいです。エンジン搭載位置とそれによる前後重量配分など、いま出た話題はクルマを真横から見たときの話です。参考までに言いますとクルマの設計はフロントを左に向けて行いますから、頭の中でイメージするときもフロントを左にするといいですね。

永田　それは和食の左上右下(さじょううげ)となんか関係ありますか(笑)。

福野　関係ありません。クルマ、戦車、航空機の設計はすべて左が前です。右を前にして設計するのは船だけ。

永田　船だけ逆なんですか。へー。なんでだろ。

福野　船は左舷から岸壁に接舷するから、船の全容は右舷からしか見えないからでしょうね。ご存知でしょうが、この習慣のせいで船の左舷をport side (港側)といいます。右舷はstarboard sideです。昔の船が右利き用に右舷に舵があったことを示した古語(北ゲルマンのノルド語)の「操舵＝steor bord」がなまったものらしいですが。これがそのまま航空機にも使われて飛行機も同じく左舷をPort、右舷をstarboardと呼びます。旅客機の乗降時は左舷にボーディングゲートをつけてポートサイドから乗りますし、戦闘機もportサイドにラダーをかけて左舷から乗ります。

永田　なるほど。と言うことは乗り降りは左側通行のバスと同じということですね。

福野　船舶は世界どこでも正面からすれ違うときは相手の左を通りますから左側通行です。ただし航空機の並列座席の場合はパイロットか機長は左ハンドル車と同様port側に座りますけどね。

永田　案外クルマも船に起源があったりするんですねえ。

福野　なに言ってんですか今日の話題はミドシップ(＝「船の真ん中」)ですよ。

A110に試乗しながら「真横」「真後ろ」「真上」から眺める

永田　フロントにエンジンがないのに結構このクルマはフロントがマッシブですね。オーバーハングも長いしボンネット位置も結構高い。その代わりトランクは前にもあります。リヤトランク容量は80ℓしかないですけどフロントは100ℓ。結構深くて広いです。

福野　45ℓ入りガソリンタンクが前車軸直上にあって、その前にラジエーターですね。ラジエーターを後方に45°くらい倒してトランクをその上に乗せたって感じのレイアウトですから、それでボンネット位置が高いわけです。この断面形だと歩行者保護対策もやりやすくなって一石二鳥という感じで

しょう。ただしボンネットが高いとおのずと着座位置も上げざるを得ない。このクルマは乗降性と居住性を確保するために着座位置をかなり高くしてます。それで車体の重心が高くなってるわけです。**基本パッケージはFF横置きパワートレーン流用の大メーカー製ミドシップカーの典型**といっていいでしょう。初代と2代目のトヨタMR2とMR-S、ローバーMG-F、ポンティアック・フィエロ、ホンダS660などもこういうパッケージのミドシップでした。ただし「オリジナルA110のリクリエイション」といううまいコンセプト的な逃げ口上があるんで、外観さえもっともらしけりゃ誰も文句言わない。ブランド資産を持ってる人の強みですね。しかし名車のブランドネームに騙されてはいけませんよ。クルマは常に本質を見抜かないと。本質に関係ないんだからブランドなんて。

2人で乗車していよいよ試乗に出発する。

福野　(エンジンをかけて走り始めてすぐ)これはやっぱり車体が軽いですね。動き始めがすごく俊敏。前回乗ったスーパーセブンに若干通じるもんがあります。

永田　横浜でお借りしてここまで乗ってきたんですが、私もそう思いました。とにかく軽快で加速がいいです。あと乗り心地もすごくいいです。

福野　しかしなんちゅう音かねこれは。

永田　(笑)。結構勇ましい排気音がしますね。

福野　勇ましいっていうか、はっきり下品でしょうこの音は。加速感やエンジンのフィーリングそのものは非常にいいのに、この音のせいで加速という聖なるスポーツドライビング行為が低俗なものになっちゃってる。もったいない。思わずアクセルを踏みたくなるっていうのがいいスポーツカーの証だけど、このクルマはこの音聞いて思わずアクセル戻したくなくなるから。(ブレーキを踏んで信号で停車)ブレーキいいです。制動力そのものも、ペダルの剛性感も高いけど(＝実は制動のレスポンスがよく制動性能が高いからこそペダル剛性が高く感じる。これホント。この話はまたいずれ)制動時の車体の安定感がとてもいいです。さすがリヤヘビーですね。

永田　リヤヘビーとブレーキング時の安定感になんか関係ありますか？

福野　**「減速時荷重移動率＝重心高÷ホイールベース×減速G」**ですから、重心高を550㎜と仮定すると0.8G制動で前輪への荷重移動率は18.2%です。前後重量配分を43.2対56.8とするなら、0.8Gの制動でフロントに18.2%荷重が移動したとしても、後輪にはまだ38.6%も荷重が乗ってることになりますよね。つまりそれだけリヤのブレーキの配分比をあげて制動時の安定性を確保できるということです。FFみたいにイニシャルの前後配分が60対40の場合、もし18%もフロントに荷重が移動したら、リヤの荷重はたったの22%になっちゃいますよね。だからリヤにブレーキ配分比を回せない。

永田　そういう理屈ですか。重心高550㎜というのはメーカー公称値ですか？

福野　メーカー公表の図ではロールセンターから重心までが400㎜となってました。ロールセンターの地上高が150㎜くらいあるから、重心高は550㎜前後だと思います。セダン車の重心高は普通550〜600㎜くらいでスポーツカーで低いクルマでも460〜480㎜くらいだから、スポーツカーとしてはかなり重心が高いクルマです。

永田　確かに見た目もちょっと背高ですね。

福野　いまの計算は空車時の重量配分ですが、このクルマの場合は人が乗るともっとリヤヘビーになります。さっき前軸中心からヒップポイントまで平均1500㎜あったでしょ。図上測定でも前軸中心↔着座位置は1506㎜ですが、FF横置きのゴルフで約1470㎜、縦置きFRのベンツCクラスで1630㎜くらいですから、だいたい前輪からその中間くらいの距離に座ってるということです。ミドシップとしては前輪からかなり遠い。例えばV10縦置きミドのアウディR8の前軸中心↔着座位置の距離は1220㎜です。A110の場合、こんなに後ろに座ってるのにホイールベースはCセグ平均より200㎜以上も短い2420㎜しかないから、シート背後の室内には何も置けない。

永田　確かにシートのうしろはすぐ壁です。結構圧迫感があります。

福野　前軸↔着座位置＝1506㎜とすると、着座位置はホイールベースの前輪から62.2％の場所です。そこに2人120kgが乗ってるわけですから、120kgの62.2％に相当する74.6kgがリヤの荷重に加わることになります。

永田　えーと、はい。そういうことですか。なるほど。

福野　実車時の後輪荷重は静的後輪荷重630kgに乗員の質量配分の74.6kgを加えた704.6kgなので、いまこうして2人で乗ってるときの重量配分は42.7対57.3ということです。ほとんど空車時のRRくらい。

永田　人間の着座位置も重量配分に大きく関係するんですね。

福野　軽いクルマだからなおさらです。軽いクルマほど、どこにエンジンがあってどこに人が乗るかによって重量配分やバランスが大きく変わります。クルマを軽くすれば「天使のサイクル」が働いてクルマはさらにどんどん軽くなっていきますが、それに応じてバランスは難しくなります。

永田　しかしなんで着座位置をこんなに後ろにしたんでしょうか。衝突安全対策ですか。

福野　ですね。セブンの時も言いましたが、運動エネルギーは質量に速度の二乗をかけたものだから、同じ速度でぶつかるなら車重が軽くなれば運動エネルギーは小さくなりますから衝撃吸収構造もシンプルで軽くてすむ理屈なんですが、衝突したときにクルマと同じ速度で前方に突進していこうとする乗員の減速度を一定以下に保つには、一定の寸法＝クラッシュストロークが必要です。だから人間はなるべく後ろに座らせたい。だけどクルマは軽くしたいし、軽く強くするには短くするのが一番なのでホイールベースを切り詰めた。そしたら横置きパワートレーンだからさらにリヤヘビーになる。でもオリジナルA110がRR車でリヤヘビーだったから、まあいい言いのがれはできるだろうと。

永田　取り柄はリヤヘビーだからブレーキングがいいことかあ。あとトラクションもいいはずですよね。

福野　はい。リヤヘビーで重心高が高いとトラクションも有利。理屈はブレーキングとまったく同じ。発進加速するとクルマの重心点に後ろ向きの力（慣性力）が生じるけど、クルマの重心点はタイヤの接地点よりずっと高いところにあるから荷重が後輪に

移動するわけで、もし重心点が地面にあったら荷重移動は発生しません。重心が高いほど荷重移動量は大きくなり、後輪駆動車では荷重が移動し終わるまでの瞬間、トラクションが高くなります。式で言うと**「加速時荷重移動率＝重心高÷ホイールベース×加速G」**。重心高が高くなれば荷重移動量は増え、ホイールベースが長くなれば荷重移動量は減ります。

永田　でも重心が高いとコーナリングは不利ですよね。

福野　もちろんそうです。ここまではクルマを真横から見て、制動時には荷重が前へ、加速時には荷重が後ろへ移動するという現象を眺めていたわけですが、コーナリング時にはまったく同じことが左右輪の間で起こります。クルマを「真後ろ」から見たとすると、地面より高いところにある重心点にコーナリングで生じた慣性力が加わるため、左右輪で荷重移動が生じ、サスにばねがついているからそれによってロールが生じます。重心位置が高いほど荷重移動量が大きくなるからロールも大きくなる。トレッドが広ければ荷重移動は少なくなってロールは減ります。式は**「コーナリング時左右荷重移動率＝重心高÷トレッド×求心力」**です。考えてみれば当たり前なんですが、クルマを真横から見たって真後ろから見たって起きることは同じなんです。

永田　納得できました。確かに当たり前ですね。コーナリングのときは重心が高いほど外側輪への荷重移動量が大きくなってロールが大きくなるけど、加速時には重心が高いほどリヤへの荷重移動量が大きくなってトラクションが増すと。

福野　そうですそうです。

永田　あれ、じゃFFの場合は逆効果ですか？

福野　素晴らしい。いいとこに気がつきました。その通り。FFの加速時は荷重移動が逆効果です。ホイールベースが短く重心が高いほど、加速時により大きく荷重がリヤに移動し、駆動輪である前輪の荷重が抜けてトラクションがなくなります。

永田　じゃあ重心の高いFFの1BOXやSUVなんかは、ブレーキもダメ、トラクションもダメ、コーナリングもダメで、ダメダメだってことじゃないですか。

福野　おっしゃる通りですな。

永田　軽なんか最悪ってことかあ。FFなのにホイールベース短いしトレッド狭いし重心高いし。

福野　史上最悪はトヨタiQじゃないですか？　ホイールベース2000㎜しかないのに重心高が高いFF。ありえないでしょ。

永田　そうか。……ということはスマートはあれでいいんですね。RRだから。

福野　そうです！　たとえウルトラショートホイールベースでも後輪駆動でリヤヘビーなら、加速時トラクションと制動時リヤ荷重、両方ともちゃんと確保できます。ベンツさすが。iQはバックで走るしか道はない(笑)。

永田　クルマを横からと前から見たときの話、面白いです。でもミドシップのメリットは後輪荷重だけでなく「ヨー慣性モーメント」の低減もありますよね。

福野　はい。ヨー慣性モーメントはクルマを「真上」から見たときの話ですね。クルマの回頭のしやすさや機動性の初端／終端を左右します。

永田　そうかヨー慣性は「真上から見た話」か。

福野　私の先生は設計の本職ですが「クルマを羊羹のような一定の密度の物体だと仮定したとき、寸法を縦横高さそのまま80％に縮小したとしたら、質量は元の51.2％へと減少する(→質量は寸法の3乗に比例するから)。しかし**ヨー慣性モーメントは寸法の5乗に比例するから、寸法が80％になればヨー慣性モーメントは元のたった32.8％になる**。これを羊羹(ようかん)性モーメントというのだ！」と豪語してました。

永田　アホなセンセがおられますなあ(笑)。しかしクルマのサイズはそんなにヨー慣性モーメント現象に効くんですね。「羊羹性モーメント」、覚えておきます。

福野　実際のヨー慣性モーメントは、クルマに搭載されているいろいろな構成部品の質量がそれぞれ重心からどのくらい離れた場所にあるか、これによって大きく左右されるので、計算は羊羹の場合よりはるかに難しくなります。なので自動車メーカーでは実際に台上でヨー慣性モーメントを測定してます。その実データをセンセに見せてもらったんですが、横軸に2名乗車時の車重、縦軸にヨー慣性モーメントをとって世界の代表的なクルマのヨー慣性モーメントの実測値をプロットしていくと、右肩上がりの傾向を描くんですね。つまり車重が重くなるほどヨー慣性モーメントは大きくなるという当たり前の傾向が出る。横軸をホイールベースに変えて同じことをしてみると、重量ほど顕著な傾向ではないものの、やはりホイールベースが長くなるほど、つまりクルマが長くなるほどヨー慣性モーメントは大きくなっています。ところが面白いことに、同じくらいの車重のクルマならばFF、FR、MR、RRどのレイアウトでもおおむね2000kgm²から2500kgm²あたりにヨー慣性モーメント実測値が集中していて、横置きミドなどの場合はFR車に比べてヨー慣性モーメントがとくに小さいわけでもないということです。例えばミドシップの中では縦置きのケイマンのヨー慣性値は確かに小さいけど、FRのロードスターのヨー慣性値は実はもっと小さいんですよ。**ミドシップのガヤルドよりFFのアウディTTのほうがヨー慣性モーメントは小さい**。つまり結局のところは羊羹の話と同じで、同じボディサイズならば、エンジン搭載位置をミドシップ化するよりもエンジン搭載位置はそのままボディサイズを小さくした方がヨー慣性モーメント低減にとっては効くということです。
永田　それは画期的視点です。デカくて重いミドシップより、**小さくて軽いFR車の方がヨー慣性モーメントは小さいと**。ここにも軽量化の天使がいるんですね。

A110に試乗しながらサスセッティングと操舵セッティングを考える

飯倉ランプから首都高速環状線内回りへ乗って一の橋JCTから2号目黒線へ。
ここから荏原ランプまでの5.7㎞区間は、夜の交通の流れに乗って走るだけでハンドリングのフィーリングのチェックが十分にできる。
福野　ステアリングのゲイン(操舵に対するクルマのヨーイングの反応)が結構高いですねえ。ちょっと切り込むだけでノーズがかつーんと入ります。それに対してリヤのロール角が大きく、ロール速度も早めです。切った瞬間にバランスが崩れる感じ。
永田　私も運転してみたときハンドリングがすごくシャープで、その割にぐらっとくるんで重心が高い感じだなあと思いました。
福野　(コーナリングしながらステアリングを切り込む)しかもロールが入ると腰砕けになっていく傾向がありますね。
永田　それはどういう。
福野　ロールが入っている状態でステアリングを切り足すとさらにロールが深く速くなる感じです。ロールした状態で路面の凹凸を超えると外側輪が予想より大きく沈み込む傾向もある。
永田　確かにロールしている状態ではリヤの安定感がさらにソフトになってる感じはします。リヤヘビーの前後重量配分と重心高の高さの割にはリヤのスタビとコイルスプリングの設定がソフトだということですね。
福野　リヤのサスアームの長さもかなり関係してるでしょう。このクルマは鋼板溶接のセンターモノコックの前後に、アルミ主体のまっすぐなサイドメンバーをボルトオンした構造ですが、リヤはそのサイドメンバーを後端で左右連結して、上から見てコの字型にしてます。エンジンをアルミ製のサブフレームに乗せ、上部の慣性主軸でサイドメンバーにもマウント、サブフレームとサイドメンバーの隙間はアルミ鋳造部材でがっちり埋めてからボルトオンするという非常に剛性の高い構造です。基本パッケージはこれまでのFF用横置きパワートレーン流用ミド車そのものというか、むしろ着座位置が後方に下がっている分改悪という印象ですが、エンジンマウントフレームの剛性とサスアームマウントの局部剛性を徹底的に追求したことは軽量化とともにこのクルマの設計の最大の眼目です。ただしもともと横置きパワートレーンというのは場所食うんですよね。サスのアーム長が確保しにくい。そこにもってきてエンジンの外側に断面積の大きいサイドメンバーを配置したので、ますますサスアームが短くなっちゃった。
永田　サスアームが短いとバンプ／リバウンドでキャンバー変化が大きくなるんでしたっけ。

福野　はい。ただし**アッパーアームをロワより短くしとけば、グリップや操縦性に対する寄与の大きい旋回外側輪（＝バンプ側）のキャンバー変化を、旋回内輪輪（＝リバウンド側）のキャンバー変化よりも小さくできます。これを「ネガティブキャンバーゲイン」と言います**が、このクルマはそこはちゃんとやってありますが、そのせいでさらにアッパーアームが短くなってます。

永田　すると？

福野　ロールに応じてアンチロール率がどんどん減っていくんです。これを「腰砕け」というわけですが。ダブルウイッシュボーンの場合、クルマを真後ろから見たとき、アッパーアームとロワアームの中心線をそのまま空中へどんどん延長していくと、遠く離れた空中で交わりますよね。この交点がサスが円弧を描いて上下に動こうとするときの支点です。このとき重要なのが「タイヤの接地点に対するその支点の方向」です。接地点から見た支点の方向が高ければ高いほど、クルマがロールしないように突っ張る力がより大きく働きます。この突っ張る力を「アンチロール率」と考えるのが私の先生の考え方です。もちろんサスが作動すればこの場合には上下のアームで作っている作動の支点の位置も動きますから（なのでこのサスの作動の支点のことを「瞬間中心」と言う）、サスアームが短ければロールにともなう瞬間中心の移動量は大きくなります。つまりアンチロール率の変化も大きくなるわけです。A110くらいサスアームが短いと、旋回外側輪ではロールにともなって瞬間中心の方向があっという間に地面近くまで移動し、アンチロール率がゼロになるはずです。アンチロール率がゼロになるとロールに対して突っ張る力がなくなるので、ロールを支えるのはサスばねとスタビだけになっちゃう。

永田　うーん、難しいです。サスの支点の方向が高いとアンチロール率が高くなる？

福野　ブレーキング時のアンチダイブジオ

メトリーと同じですよ。そもそもクルマはなぜロールするのか考えてください。

永田　前後荷重移動の話と同じで、コーナリングでは重心点に遠心力＝慣性力が働くから外側輪に荷重が移動する。

福野　はい。さきほどもいいましたが「コーナリング時左右荷重移動率＝重心高÷トレッド×求心力」です。このときサスにばねがついてるからクルマは姿勢変化します。ばねがついてなかったらコーナーでも荷重が左右で移動するだけでロールはしません。

永田　サスばねが付いてないゴーカートはコーナリングしてもロールしませんからね。

福野　クルマがロールするこのとき、サスの動きがロールに対して干渉するんです。サスの動きの支点である瞬間中心がタイヤの接地点に対して高い方向にあれば、ロールしないよう突っ張る力が作用します。

永田　サスが動こうとしてる支点の位置が高いほど、ロールしないように突っ張る……。確かにそんな気もします。

福野　サスの瞬間中心が地面と一致すれば、サスがロールに介入して突っ張る力はゼロになって、ロールを支える力はサスばねとロールバーのばね定数だけになります。だからA110のようなサスだと、ロールすればするほどもっとロールしやすくなるんですね。これを「腰砕け」といいかえてもいい。

永田　いまの話は「ロールセンター」となんか関係ありますか？

福野　あります。ただ「ロールセンター」を持ち出すと話がややこしくなります。サスの瞬間中心からタイヤ接地点に引いた線と車体中心線の交点がロールセンターで、その意味は「ばね上とばね下がサスのリンクを介して横力を伝え合う合力点」です。重心高からロールセンター高さを引いた値がロールのモーメントアームで、このモーメントをばねが受け止めるからクルマがロールするといえる。ロールセンターの位置が地面に対し高くなって重心に近づけば、車体をロールさせる力は小さくなります。なので「タイヤ接地点から見たサス瞬間中心の方向がアンチロール率を決める」というさっきの解説と「ロールセンターを高く設定するとロールする力は小さくなる」というのは同じことです。ただし**クルマはロールセンターを中心にロールしてるのではありません**。だからこの用語はひどく誤解を招くんですよ。概念としても非常に難しい。だから私はなるべくこの言葉を使うのをやめてます。みなさんもひとまず忘れた方がいいと思います。それより**「サスの瞬間中心の方向が高いとアンチロール率は高くなる」「瞬間中心が地面に一致するとアンチロール率はゼロになる」「瞬間中心の移動量が大きいとアンチロール率の変化が大きくなる」**の3つをしっかり覚えた方がずっと役に立ちます。

永田　了解しました。このクルマの場合はリヤのサスアームが短いので瞬間中心の移動量が大きく、アンチロール率が大きく変化するのでロールしたときにリヤが腰砕け気味になるということですね。

福野　そうです。キャンバー変化が生じることより、こっちのほうがはるかに操縦性への影響は大きいです。このクルマは車重が軽いからばね定数は低いんですが、それに対して重心高が高くてロール角が深いため、走行速度が高くなくても腰砕けの傾向

がでています。あとフロントの操舵ゲインが高いのでロール速度も速いでしょ。

永田　なぜ重心高が高いクルマなのにさらにフロントの操舵ゲインを上げたのでしょうか。

福野　リヤが重いクルマは後ろから押してくる駆動力が大きいので、アンダーステアが出やすいですね(＝プッシュアンダー)。だから操舵した瞬間にステアリングにぐっと反力が返ってきて保舵力が重くなります。私はリヤのトラクションが高いクルマはそこ(＝切ると反力が出る)が好きなんですが、これを「コーナリングでステアリングが重ったるくなる」と感じる人もいるんですよ。ここが重要なんですが、実はそう言う人は大抵ドラポジが悪い。寝そべりすぎて腕が伸びちゃってるからステアリングに力が入らず、重く感じるんです。そういう人の意見を鵜呑みにして重視しちゃったり、あるいはチーフエンジニア自身がそういう運転をする人物だったりすると(このケースが案外多い)、前輪のタイヤのCPをあげてスリップアングルに対するコーナリングフォースの出方を敏感にし、EPSのセッティングも敏感にして、操舵に対する反応を上げてターンインしやすくしちゃうんですね。私はこういうセッティングは大嫌いですが、最近は自動車普及途上大国への輸出が増えているので「切りゃ曲がる」というこのテのセッティングが流行です。

永田　スーパーセブンのときに話題に出たフロントのアライメントも関係ありますよね。

福野　もちろんです。それとこのクルマのフロントサスで気になったのはタイロッドの短さです。タイロッドは前輪の操舵機構ですが、同時にサスアームの一種で、リヤサスでいうトーコントロールアームと同じ役目＝トーの規制をしています。A110はフロントサスも上下Aアームのダブルウイッシュボーンです。上下アームのボディ側のピボットを上下結んだ線上に、もしタイロッドの上下動のピボット＝タイロッドエンドがあれば(平たく言うとサスアームの長さがタイロッドの長さが同じであれば)タイロッドとサスの動きの円弧は同じになりますが、タイロッドが短いとタイロッドの描く円弧の半径のほうが小さくなるので、サスの上下動にともなってトー変化が生じます。このクルマのようにステアリングラックがサスの前側にある場合、サスが上下するとタイロッドがサスの前側を内側に引き込んで前輪がトーインへと変化します。操縦性は荷重が加わった旋回外側輪の影響が大きいので、前外輪がトーインに変化すれば旋回進路は切れ込みます。

永田　なるほど。じゃあタイロッドの設計でもあえて前輪をトーインに変位させてアンダーステアを減らしていると。

福野　フロントにはエンジンがないからフロントサスの設計の自由度は高いはずですが、リヤに合わせてアーム長を短くしちゃっているので、フロント側もアンチロール率の変化は大きいです。そこにもってきてさらにバンプトーインにまでしている。

永田　やっぱチーフエンジニアのドラポジのせいか(笑)。

福野　メガーヌ用横置きユニットの流用がこのクルマの設計の出発の前提条件。そのユニットでパフォーマンスを大幅に上げるには軽量化しかない。けど剛性は落としたくないし衝突安全も重視したい。そこでリヤヘビーになることを承知で衝突時の乗員の減速時間を稼ぐために着座位置を後方に設置、鋼板モノコックにアルミ主体のサイドメンバーをボルト結合する車体構造を選んだ。しかしその結果、リヤヘビー車になってサスアームも短くなった。歩行者保護とフロントの荷室容量のためにフロントを上下に分厚くし、乗降性を良くするため着座位置も高めに設定した結果、重心高も高くなった。この基本のせいでトラクションとブレーキングでは有利だがコーナリングでは不利になり、これをキビキビした操縦性に演出するためにフロントの操舵ゲインを上げた。まあ一口に言うと「泥縄」ってやつですね。でもスポーツカーはそれじゃダメなんですよ。パワートレーンを流用しろ、トランクが狭い、乗降性をあげろ、車重も軽くしろ、安全性を確保しろ、そうやって次々口出ししてくる野次馬を片っぱしからぶっころしながら作らないと、傑作スポーツカーなんか絶対にできない。こう言ってはなんですがサラリーマン愛社精神だけでは乗用車は作れるけどスポーツカーは作れない。

永田　でもA110は軽くてシャシ剛性と局部剛性が高いことは確かですよね。

福野　乗り心地は悪くないです。市街地や高速道路を走り回るファンカーとしてはだから悪くないと思います。ただしリヤヘビーで重心高の高い車体に操舵ゲインが高くアンチロール率変化の大きなサスの組み合わせだから、コーナーとかで飛ばすときっと痛い目にあいます。

永田　1100kgという軽量性はえらいですよね。

福野　小型・軽量・高剛性こそスポーツカーの命ですからね。でも重量バランスや重心高もサス設計。そしてセッティングの味付けもスポーツカーにとって重要です。このクルマが教えてくれるのはそれです。ドライブフィール／ライドフィールはすべての要素の総合力で決まりますから。

SPECIFICATIONS

アルピーヌA110
■ボディサイズ：全長4205×全幅1800×全高1250㎜　ホイールベース：2420㎜　■車両重量：1130㎏　■エンジン：直列4気筒DCHCターボ　総排気量：1798cc　最高出力：185kW（252PS）／6000rpm　最大トルク：320Nm（32.6kgm）／2000rpm　■トランスミッション：7速DCT　■駆動方式：RWD　■サスペンション形式：Ⓕ&Ⓡダブルウイッシュボーン　■ブレーキ：Ⓕ&Ⓡベンチレーテッドディスク　■タイヤサイズ：Ⓕ205/40R18 Ⓡ235/40R18　■パフォーマンス　最高速度：250㎞/h　0→100㎞/h加速：4.5秒　■価格：811万円

パッケージ／CFRPモノコック設計／サス設計とセッティング
ターボ進化による低中速超フィール

マクラーレン 540C

2018年12月20日(木)深夜、クルマが1台も走っていない首都高速2号線を2人はマクラーレン540Cに乗って走っている。

コーナーをまわりながらアクセル開度50%付近から20%ほど踏み増すと、背中がバックレストに押し付けられてクルマが前方に突進する。その反応と挙動は達人の演舞のように滑らかで優雅で、実はスーパーカーではよくありがちなドライブゲームのようなわざとらしさ、ぎくしゃくしたぎこちなさ、ナイフエッジの危なっかしさなどは微塵もない。

福野　これはもうなんともいえません。なんともいえません。天国です。この旋回加速は本当に天国。エンジンそのものの中低速トルク感とフレキシビリティ、レスポンスも申し分ないけど、エンジンから出た出力が変速機を通って減速してトルク増幅してドライブシャフトを回しタイヤを駆動し路面を蹴って加速するという、その一連のプロセスのどこにも、機械的な摩擦抵抗でロスしているような感じや、なにかがねじれたりしている弾性感がまったくない。実にソリッド。アクセルの踏み込みと加速感が一本の駆動軸で機械的に連結してる感じがする。この旋回加速の一瞬にこのクルマの優れた設計思想と生産技術のすべてが凝縮されている感じです。

永田　A110より圧倒的に速いけど、はるかに安定してますね。安心して乗ってられます。

A110は790万円、こちら2400万円と値段がまったく違うんで比較になりませんが。

福野　数値性能を決めるのはスペックですが、フィーリングを決めるのはバランス、カネさえかけりゃこういうクルマができるわけではありません。実際スーパーカーくらい操縦フィールに優劣差のあるクルマはないでしょう。

永田　その理由を解明していただくのが本書の目的です。

福野「人間はものすごく鋭敏でほんの些細なことでもちゃんと感じ取ってしまうが、それを口に出して説明し始めた途端全部ウソになる」というのは、ある自動車設計者の至言です。

永田　羊羹のセンセですか？

福野　いやまた別の方。

永田　それって「誰でもなにかを感じることはできるが、それがナゼなのかは誰にもわからない」ということですか？

福野　**話はそんなに簡単じゃない**ということですね。「ステアリングがシャープだ」と感じる理由は決して前輪のCPが高いからだけじゃない。サスのジオメトリーの変化特性やロール剛性の設定だけでもない。コラム剛性やリム剛性も関係してるし、インパネフレームと車体の結合剛性、その力を受ける車体側の剛性も関係ある。しかしメーカーの実験によるとステアフィールにもっとも大きな影響を与えているのはリヤサスのセッティングです。操舵の瞬間の反力の立ち上がりはリヤサスのグリップで大きく左右されていますが、リヤサスの取り付け部局部剛性を上げても操舵感がいきなりシャープになったように感じるそうです。メーカーの人は実際に実験して確かめてますからウソではないでしょう。人間は操作に対する反応の応答遅れに対してはすごく敏感なので、操舵したときにリヤタイヤにスリップアングルがつくのがわずかに遅れたり、反応に対する挙動変化の線形度が足りなかったりすると、フィーリングが悪く感じたりステア剛性が低く感じるんですね。じゃ4WS（4輪操舵）なら最高なのかと言えばそうともいえない。後輪がぐにゃぐにゃすれば安定感は逆に落ちる。4WSの決め手は制御だけど「制御は機械を超えられない」という格言通り、しなったりねじれたりして剛性が低い機構は制御もしにくい。**豆腐の挙動は精密制御できないんですよ**。

永田　ははははは。

福野　スポーツカーのフィーリングはステア感覚ひとつとっても車両レイアウト、サス、剛性、制御、エンジン＋駆動系、いろんな要素が関係してるんですね。だから自動車設計者やテストドライバーも含め、世界中だれにも本当のことは100％わかってない。メーカーだって経験と推測の手探りなんですよ。だからこそ旋回加速のさっきの一撃一瞬の超絶フィーリングは偶然の産物なんかじゃ絶対ない。「これはきっとこうだ」「そのためにはこうすべきだ」と狙いを研ぎ澄ませて設計・開発した結果がずばり命中した瞬間なんだと思います。

CFRPモノコックの設計の妙味

2号線の終点荏原ランプで降りて中原街道へ。荏原2丁目の交差点を左折して国道1号線に左折すると先の戸越ランプから首都高2

号線の上りに戻ることができる。いつもの試乗ルートだ。

永田　全長×全幅×全高＝4530×2095×1202㎜、ホイールベース2670㎜。車検証記載重量は1450kg（前軸610kg／後軸840kg）で、静的な前後重量配分は42.1：57.9と、A110よりもさらにリヤヘビーです。ただし試乗前に福野さんと前軸中心↔着座位置の距離を例によって測定してみたら約1130㎜、つまりホイールベースの42.3％の位置に座るというキャビンフォワードの基本レイアウトでした。前回教わった通り計算してみると2名120kg乗車した場合、その42.3％に当たる50.8kgが後輪に加わるということですから後輪荷重は890.8kg、つまり2名乗車時の静的重量配分は43.3対56.7へ改善されて、2名乗車時ならばA110よりリヤの配分比が小さいという結果です。

福野　重いV8でも縦置きして、さらにキャビンフォワードさせて前軸↔ヒップポイント距離を詰めれば、へたな横置きFFパワートレーンのミド車よりも重量配分を良好にできるということです。

永田　重心高はどうでしょう。

福野　公表されていませんが、この種のスーパースポーツの重心高はだいたい450〜480㎜くらいです。このクルマは地上↔座面高さがラフな測定では約200㎜くらい、下回りを覗いてみたところでは最低地上高は常識的な範囲ですから、メカのレイアウトからみて450㎜くらいは達成してるでしょう。

永田　重心高が低いとコーナリングでは有利だけどトラクションとブレーキ時安定性では不利ということでしたね。

福野　他の条件一定ならそうです。

永田　シャシーの主構造はCFRPのバスタブで「モノセルⅡ」という第2世代の設計。バスタブはコクピット背後で終わっていて、それより後方はアルミ押出材とアルミダイキャスト材を溶接して組んだトラス構造です。ここは第1世代と同じです。

福野　12Cの発表時にベアシャシーの実物が公開されてたのでつぶさに観察できましたが、それ以降は細部の情報が公開されていません。なので540Cのシャシーやサスの詳細も不明ですが、単体写真をみるとサイドシルの前端部を低くえぐったこと、インパネフレームの取り付け部断面積を減らす代わりに、Aピラーとドアヒンジ取り付け部をモノコックと一体にしたことなどが目で見

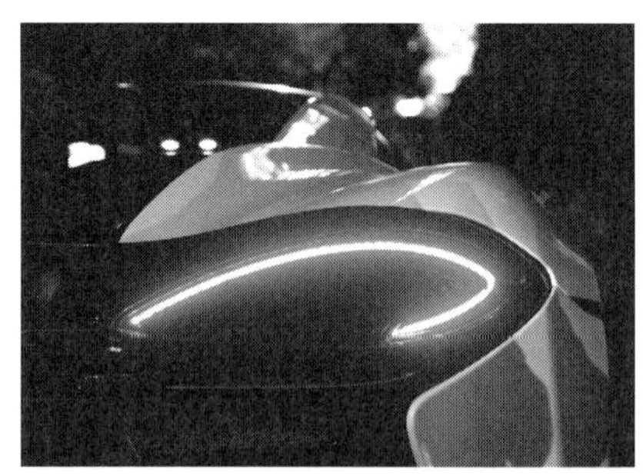

える変更点で、12CのCFRPバスタブの設計で特徴的だったポイントはそのまま踏襲しているようです。成形はRTM（レジントランスファモールディング）。成形用の型内に、樹脂含浸させていないカーボン繊維布を入れて型を締め、液状の熱硬化性エポキシ樹脂を射出してヒーターで加熱硬化させるという成形硬化法です。常識的に言ってフロアはハニカムかコルゲート入り二重構造でしょうから、各部を個別に作っておいてRTMで一気に一体化するプリフォーム方式でしょう。製造はいまのところフォルクスワーゲンXL1やポルシェ918を製造してるザルツブルグのCarbo Techに発注してるようですが、マクラーレン社はシェフィールド大学の先端製造研究センターの横に製造工場を作って、着々と内製化の準備を進めているようです。本気でCFRPモノコックを量産する気ですね。内製されたら丸投げ外注してるライバルはコストと儲けの両面で太刀打ちできないでしょう。

永田　RTMはドライカーボンに比べて、量産性は高いが物性は落ちるというのが一般論ですよね。

福野　繊維含有比Vf（%）は一般的にオートクレーブ55%前後、RTM50%前後ということで大差ないですが、RTMは樹脂を射出する製造法の都合上、エポキシ樹脂の靭性がやや低いといわれてます。ただしこういうのはあくまで素材の基本的な物性の話題であって、実際のクルマでは設計のほうが結果を左右します。プリプレグ・オートクレーブ成形はUD（単方向材）主体、RTMはクロス主体なので、配向設計もおのずと違ってきます。**マクラーレンのバスタブの設計で見事だと思うのは主に3点**。第1はフロントのアッパーアームを、CFRPバスタブに鋳込んだアルミ部材に直付けしていること。サス取り付け部の局部剛性はものすごく高いはずです。前輪ホイールハウスがフロアにめり込むくらいキャビンフォワードして前輪↔ペダルの距離を短くしたため、この設計が可能になったんですが、これだと右ハンドルではアクセルペダルとホイールハウスが干渉してドラポジがちょっときつくなる（試乗車は左ハン）。イギリス車なのに右ハン無視して前輪↔ペダル距離を短縮したところにこのクルマの思想の徹底ぶりを感じます。「右ハンのドラポジ？そんなもん関係ねえ」これじゃなきゃ名車はできません。A110になくてこのクルマにあるのはそれ。私は昔から「前輪が人間に1㎜でも近い方がステア感覚は上」だと思ってきましたが、フロントにエンジンがなければそれを実現しやすいですね。ボンネットを短く低くできることとともにそこがミドシップ車の美点の一つだと思ってます。なのでミドなのにボンネットが高くて前輪が遠いA110にはミドの意味を感じない。

永田　衝突安全はどうですか。

福野　衝突安全に関係しているのは前輪↔ペダル距離ではなく、車両前端↔ペダル距離です。マクラーレンはフロントオーバーハングを伸ばしてその距離を稼いでます。オーバーハング内にはエンジンがないから、むしろ衝撃吸収のコントロールがしやすい。**「エンジンがフロントにあるから安全」というのは完全に錯覚**です。むしろエンジンの存在が衝撃吸収設計の邪魔をします。このクルマはバスタブのアッパーアーム取り付け部に八角形断面のアルミ押出材のサイドメンバーを差し込んでますが、この部材を八角形断面にしておくと、提灯みたいにきれいにつぶれるそうです。

永田　なるほど。

福野　設計の妙味2番目はインパネ取り付け部。CFRPバスタブ上端を大断面のU字型にして、正面からアルミダイキャスト製のインパネフレームをボルト固定してる。コーナリングのとき人間はステアリングを握ることによっても上体をささえているから、スポーツ走行中はステアリングにかなり横荷重がかかります。なのでステアリングのリム剛性やコラム剛性も、ステアフィールを左右します。ステアリング軸のコラムを支えているのはインパネフレームで、インパネフレームを支えているのはモノコック局部です。だからステアリング保持剛性を追求していくとボディの局部剛性まで上げる必要があるんですね。R35GT-Rはインパネフレームを強化し、取り付け部局部剛性と結合剛性を徹底的に上げた。トヨタTNGAはインパネフレーム取り付け部モノコックをエンジンルーム側でも左右連結し、コラムに加わった力が一周して釣り合って支えるよう工夫してます。マクラーレンのバスタブもTNGAと同じような思想ですが、CFRPですからはるかに剛性は高いでしょう。市販車のインパネフレームは電縫管(鉄パイプ)が主流ですが、ストラットタワーと同じでアルミダイキャストにすると応力に対して剛性を最適化できるので肉薄化して軽量化できます。

永田　はい。

福野　3番目はリヤのフレームとの結合方式です。CFRPバスタブにアルミフレームをボルト留めするこの構造なら、リヤフレームを交換すればホイールベース、パワートレーン、リヤサス、排気系、ボディアンダー空力設計、スタイリングなどの変更に柔軟に対応できます。バスタブを使い回しすることで開発にもっとも手間のかかる衝突安全設計を一本化できるので、開発工数も節約できます。マクラーレンはこれでモデルバリエーションを安く作り分けているんだと思いますが、問題になるのはCFRPバスタブとリヤフレームとの結合部。ここがやわいと力が加わった際の屈曲点が生じて、乗り心地に関係するねじり剛性、操安性とステアフィールを左右する横曲げ剛性、両方の変異のリニアリティが落ちてしまう。マクラーレンのモノコックは上下の取り付け位置を大きくずらし、上部ではCFRPを張り出してサブフレームを短くし、下部では逆にモノコックを引っ込めサブフレームを長くしています。これならねじれや横曲げ力が加わっても接合部で屈曲が生じにくい。上下のその段差部に燃料タンクを納めています。なかなかアタマいい。

永田　なるほど。それはこれまで誰も指摘してませんね。

サスペンション設計の妙味

福野　リヤサス取り付け部もアッパー、ロワ、ダンパーのマウントを巨大なアルミダイキャスト材で一体成型してます。取り付け部局部剛性が高いだけでなく、取り付け部が一体だから、土台が動くことでアライメントが変化してしまうということがなく、サスが理論通り動くでしょう。**サスの形式がどうの、アライメント変化がどうのの前に、クルマはまずその理屈通りにサスが本当に動くのかどうかが重要**です。昔の日本車はサス理論は立派でしたが、乗ってみるとまったくその通りに走らなかった。サスの取り付け部の剛性が足りなくて作動の土台が逃げて変異しちゃってたからです。

永田　マクラーレンは前輪↔ヒップポイント距離が短く、前輪が人間に近く、V8ミド搭載の割にはさほどリヤヘビーでもないパッケージで、シャシー全体の剛性もサスやステアリングの取り付け部局部剛性も非常に高いということですね。

福野　さらにそこに低中速／低中アクセル開度からの踏み込みレスポンス良く、大パワーが即座にでる短くて軽いパワートレーンを積んでいる。だから操縦性自由自在なんです。

永田　サス自体のレイアウトやデザインはどうですか。

福野　資料がないんでよくわからないんですが、12Cは前後とも上下Aアーム＋トーコントロールリンクのWウイッシュボーンでロワアーム長を長めに取ってました。基本は同じでしょう。

永田　ロワよりもフロントアームが短いと、グリップや操縦性に対する寄与の大きい旋回外側輪のキャンバー変化を旋回内輪輪より小さくできるんでしたね(A110の項で出てきた**ネガティブキャンバーゲイン**)。

福野　さらにこのクルマはA110に比べてアームそのものがトレッドに対して長い。アームが長いとロールによる瞬間中心の移動量が少なくなるので、ロールにともなって腰砕けになるような挙動が出ず、しっかり踏ん張る感じになります。あとマクラーレンはリヤのばねとスタビをソフトにして、リヤのロール剛性を相対的に下げてますね。ロールさせると左右の荷重移動量は少なくなります。

永田　ロールが大きいと左右荷重移動量は小さくて、ロールを抑え込むと荷重移動量は大きくなる？

福野　そうです。ご存知の通り接地荷重が大きいほどタイヤが発生するコーナリングフォース(CF)は大きくなりますが、CFのその変化というのは非線形の特性で、荷重が大きくなってくるにつれてCFの増加量は頭打ちになってきます。つまり荷重移動が大きいと、確かに旋回外輪では荷重が増えてCFは増加していきますが、荷重が大きくなると旋回内輪で失うCFの方が大きくなってくるんです。得るものより失うものの方が増えるから両輪トータルのCFが減る。だから駆動輪サスのロール剛性を上げると旋回時トラクションが減るんです。

永田　感覚とは逆なんですね。後輪駆動車はリヤのロール剛性を下げて荷重移動量を低くすれば、左右トータルCFが上がって旋回トラクションが上がると。じゃあFFは逆にフロントのロール剛性を下げる？

福野　そうです。その通り。クルマは旋回時に重心に対して働く横向きの慣性力を4輪で支えてますから、リヤの左右荷重移動量が大きくなれば、フロントの分担量は相対的に減って、フロントの左右荷重移動は小さくなります。なのでFFでトラクションを出したいなら、リヤのロール剛性を上げればいい。前後のこのグリップバランスはステア特性のチューニングにも使えます。操安性をアンダーステアにしたいならフロントのグリップを下げればいいんだから、フロントサスのばねとスタビのばね定数を上げたり、あるいは基本設計でサスのアンチロール率を上げてフロントのロール剛性を上げればいい（＝前輪左右トータルのCFが下がる）。これを**「駆動輪サスをソフトにすればトラクションが増す」「フロントを固めればアンダーステアになる」**と覚えてください。このクルマはまさに前後共こうなっています。リヤヘビーで駆動力が大きくステア特性もアンダーなので「曲がりにくいセッティング」ということですが、パワステとアライメントの設定で操舵応答感を高めています。こういう設定の妙味が、運転操作に対して常にリニアに生じてフィーリングもいいのは、やはり機械としての設計と作りがいいからです。

永田　カネをかければこうなるというもんじゃないと。

福野　カネをかけた高価なクルマなんかいっぱいあるけど、運転フィーリングがこのレベルまで至ったスポーツカーは自動車史

アームとダンパーぼ取り付け部をダイキャスト一体化した構造

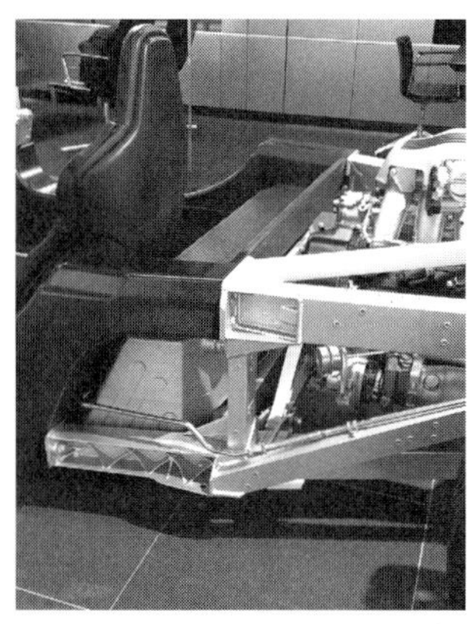

上下段差にして締結剛性を向上したサブフレーム結合部

衝撃吸収構造のフロントサイドメンバー（MP4/12C）

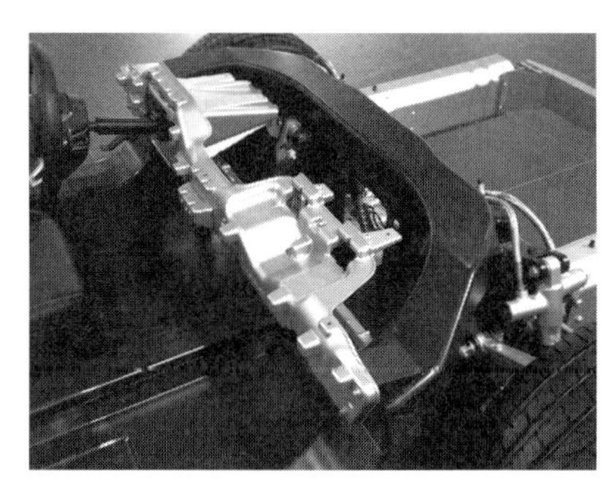

超高剛性構造のインパネ周り

のなかでもほとんどない。マクラーレンF1はすべてに別格としても、このクルマはチャップマンのロータス・ヨーロッパに匹敵すると思います。

永田　スーパーセブンの場合は車重が軽くて入力そのものが小さいのに対し、サス取り付け部の局部剛性やボディの比剛性(≒共振周波数)が高いからダンパーがよく動いていて操縦性と乗り心地が良かった。マクラーレンの場合は車重が重く入力が大きいが、局部剛性とボディ剛性の絶対値が高いからダンパーが働いて操縦性・乗り心地がいい。同じ話ですね。

福野　はい。ところでMP4／12Cでは前後関連ダンパーがついてましたが、これはついてない？

永田　どうも540Cにはついてないようです。720Sはついてるかもしれません。

福野　じゃあスタビつきですね。それにしてはハンドリングいい。

永田　MP4／12Cはスタビなしだったんですか？

福野　もちろんです。スタビをなくすための前後関連懸架ですから。

永田　わかったつもりでわかってないんですが、あれはそもそもどういう意図のどういう機構だったんでしょう。

福野　キネティックというオーストラリアの部品メーカーが開発し世界中に売り込んでた「プロアクティブ」というシステムを採用したものだと思います。基本的にはシトロエン2CVやADO16と同じように前後のサスの作動を油圧配管で連結する機構ですが、ポイントはロールダンピングを与えていることです。

永田　ロールダンピング。聞いたことないです。

福野　スタビにはダンパーがついてないんで、ロールしたときダンピングが足りなくなるんですね。ロールダンピングすれば車体姿勢がフラットに保たれます。

永田　分かりません。

福野　えーとまずじゃあ左右輪で考えましょう。独立懸架というのは左右輪がそれぞれ自由に動けるサスですよね。こうするとばね下が軽くなって接地性が上がり、操縦性や乗り心地が良くなります。コーナリングでは重心点に横方向の慣性力が加わって左右輪間で荷重移動が生じ、車体をコイルばねで懸架しているためロールが生じる。これを抑えるためにスタビライザーをつけてるわけですが、スタビがついているということは左右輪の動きが関連してるということで完全独立懸架じゃない。

永田　おーなるほど。確かにそうですね。

福野　スタビつき独立式サスの動きを考えると、左右輪が同相(同じ方向)に動いている場合はスタビも左右同時に動くので空振りする。左右輪が別に動いたとき(＝逆相)だけスタビが作用してサスのストロークを抑えるわけです。つまり**逆相ではサスばねにスタビのばねが加わってサスのばね定数が上がる**わけです。でもダンパーは元のサスばねに合わせてチューニングしてありますから、ロール状態ではダンピングが足りなくなる。それならダンパーを強くすればいいじゃないかと思うが、そうすると同相作動時の乗り心地が悪くなる。

永田　なるほど。サスが左右同相に動くのは乗り心地に関係し、サスが左右逆相に動くのはロールと操縦性に関係するんですね。
福野　そうですそうです。そこでスタビをなくして、左右のダンパーのオイルを配管で結ぶ。するとロール抑制とダンピング、双方が同時にできるんですね。これが左右関連懸架です。これを応用して前後左右のサスを配管で連結すれば、ピッチング方向の動きも抑えて車体姿勢がフラットになり、しかも乗り心地は悪化しません。これが前後関連懸架。
永田　なるほど。頭いいですねえ。
福野　MP4／12Cはスタビなしというより、後輪により積極的な「逆スタビ」がついてました。いわゆるZ型スタビです。
永田　どういうものですか。
福野　「駆動輪サスをソフトにすればトラクションが増す」と言いましたよね。普通のスタビは全体がU字型ですから、サスが左右同相に動くと空振りしますが、Z型スタビは逆で、左右サスが左右逆相に動くと空振りします。つまりアンチロールバーとしては作用しない。サスが左右同相に動くときだけ作用してサスばねを強化します。
永田　サスが左右同相のときだけサスばねを強化する。
福野　逆にいうと、サスとしてのばね定数が同じならロール剛性だけが下がるということです。車体の動きはしっかり固めるんだけど、ロールはさせる。だからトラクションが上がる。
永田　なるほど。それで「逆スタビ」ですか。アタマいいなあ。それって使っているクルマほかにありますか。
福野　レーシングカーでは多数採用例がありますね。市販車でも昔のベンツ300SLやベレットGTが使っていた「コンペンセイタースプリング」は、回転軸のついた板ばねをリヤに横置きして左右輪を連結する機構で、やはり逆スタビです。
永田　そんなに逆スタビや前後関連懸架がいいなら、なぜ世界中のクルマは使わないんでしょうか。
福野　エンジニアに聞いてみたんですが、前後関連懸架の機能的な問題としてひとつあるのは、油圧式で配管が長くなると、オイルの慣性力でオイルそのものがマスとして作用し、ある振動数に対し共振するということです。特定の周波数の振動が入ると動きが悪くなっちゃうわけですね。まずいことに配管長が5mだとその共振点がちょうど15Hz前後になって、ばね下共振くらいになる。これでは乗り心地は悪化してしまいます。アキュムレータをつけて共振点をずらす手もありますが、慣性力のない電気を使うのが一番いいでしょうね。
永田　なるほど。

エンジン選定の見識

永田　マクラーレンってすごくいいクルマだと思うんですが、と個人的にはふたつ気になっていて、ひとつはスタイリング、もうひとつはエンジンの官能性です。
福野　エンジンの官能性？
520Cで3速2000rpm、アクセル開度約40%の状態から70%くらいまですっと踏み増ししてみると、間髪をおかずにトラクションがかかってクルマが前方にズームし、背中がシートにずしーんと押し付けられる。すごいレスポンスだ。

福野　加速感だけなら車重の重い4WDカーに大排気量積めばこういう瞬発感も出ますが、そういうクルマは質量もヨー慣性もでかいからハンドリングが鈍い。ヨー慣性小さく軽めの2WDなのにこんなレスポンスというのは内燃機関では世界にないでしょう。どこがダメですか。

永田　もちろんそうなんですけどサウンドがないじゃないですか。高回転までカムに乗って駆け上がっていくあの官能性がない。

福野　いったいどこの道でこんな大パワー車、高回転まで回すんですか。

永田　いやまあ例えば箱根とか。

福野　スーパーカーで高回転まで回したらターンパイクの上りで200km/h出ますよ。あそこで200km/h出すんですか。他の交通もいるんですが。

永田　いや出さないですけど、つまりサーキットもあるじゃないですか。

福野　サーキット走行するならロードタイヤ履いたこんなくそ重いクルマ振り回すより、フォーミュラカー運転した方が1000倍楽しいです。やってみりゃ分かります。

永田　まあそれを言っちゃったら終わりなんで。

福野　百歩譲って、一瞬の追い越し加速は許されると思うんですよ。一撃の加速なら危険性も低い。だけど高回転までえんえんアクセル全開のまま踏んで回してパワーを出していく走りは、どう考えたって公道では危険運転でしょう。

永田　でもそれ言っちゃうとスーパーカーの存在そのものを否定することになっちゃうんで。

福野　そんなことないですよ。このクルマみたいに低中速で瞬発力のあるコンパクトで軽いエンジンをミドに積めば、車体が軽くヨー慣性も低い2WD車ができて、工夫次第でトラクションも出せて、現にこうやって公道でもこの痛快な加速とハンドリングが満喫できるじゃないですか。我々ぜんぜん飛ばしてなんかいないですよ。反社会的なことは一切してない。

永田　うーん。

福野　**8000rpm1万rpm回さないと定格出力出ないなんてナンセンス**。

永田　でもターボが嫌いという人は多いですね。

福野　最新のターボを知らないからでしょ。**いまのターボにターボラグなんかない**。このクルマにターボラグある？　ないですよ。ゼロ。

永田　でも……どうしてターボラグがなくなったんですか。

福野　第1にターボチャージャーの技術が進歩したからです。第2にVVTや可変リフトなどを駆使した吸排気制御技術が進歩したからです。第3に総排気量も気筒あたり排気量も比較的大きくてトルクがあるエンジンに、圧縮比を下げずにターボをつけているからです。よく知りませんがパソコンとかゲームだってこの40年間で多少は進歩したんでしょ？　ターボだって多少は進歩してますよ。40年前のターボエンジンと今のターボエンジンは完全に別物です。このクルマはそういうエンジンをミドに積んでる。なのでボンネットの高さに制限されることなく吸気管長を直線的に長く取れて、低中速域のパワーがさらに出せてる。フロントエンジンだとこうはいかないですね。3.8ℓのV8で7500rpmしか回さずに540PS出てますが、常用域の2000〜4000rpmでのパワーも厚い。常用域でパワーが出る特性が、比較的コンパクトで短いこの排気量のV8エンジンで実現できています。だから車重が比較的軽く、ヨー慣性が小さくなって運動性が上がってるし、ミドだから車重が重くない2WDでもトラクションが出てる。低中速でパンチがあってレスポンスがよくてトラクションがあるから、普通に走っていてもアクセルの踏み増しだけで超絶レスポンスの加速が一瞬満喫できて操縦性の良さも味わえる。これのどこに「官能性がない」んですか。全身これ官能性の塊ですよ。

永田　福野さんは「エンジンじゃなくてモーターでもいい」という人ですからねえ。

福野　だって昔のビーエムの直6に乗って「電気モーターのように回るから素晴らしい」とかって喜んでたのはどこの誰ですか(笑)。私は**欲しい瞬間に欲しいパワーがアクセル踏み増しだけで手に入って、それで自在にクルマを制御できるなら、動力源なんてモーターだろうがゼンマイだろうがなんだっていい**。スポーツカーとその運転を追求し愛好してるんであって、クルマ眺めて能書きたれながらエンジン形式だのブランドだのを愛好してるんじゃないんで。

永田　いえ読者の方はエンジンとブランドも愛好してます。

福野　もちろんわかります。私だってポルシェ・ターボがいいかフェラーリ365BBがいいか迷ったことがあります。ブランド愛好ならどっちを選んでもいいと思いますが、スポーツカーとしてはどっちもダメ車でしょう。

「大きいことはいいこと」なんてウソだ

永田　まあでもそういうのは好みの問題ですよねえ。

福野　おっしゃる通りです。ただし道交法違反は犯罪です。公道で200km/h、250km/h出したら検挙され、常習なら起訴されます。公道で4速8000rpm？　交通刑務所ですな。

永田　それを言われるとぐうの根も出ません。

福野　子供のころからデカくてパワフルで速くて最強のものが好きだった、そういう方が戦闘機や戦車や恐竜や戦艦やスーパーカーのファンになるんだと思います。私も

McLaren

まさにそうでした。当然の成り行きとして46サ(セ)ンチ砲は16インチ砲よりえらい、マッハ3はマッハ2より凄え、600PSより1000PSの方がかっこいいという価値観になっていきますね。でもある意味そこには「ああ勘違い」も含まれているんですよ。たとえば「横須賀軍港めぐり」という船上ツアーに乗って、バース12で整備してるCVN76(ロナルド・レーガン)の前まで来ると、ガイドさんは必ず「全長は東京タワーを横倒しにしたのと同じ333mもあります」といいます。「ほ〜」「へ〜」ってやつですな。マスゴミもバカのひとつ覚えのこればっか。だけどアメリカの航空母艦の全長なんて、アングルドデッキ構造を初めて基本設計から導入したフォレスタル級が1955年に竣工して以来、ほとんど変わってませんよ。キティホーク級、エンタープライズ級、ニミッツ級まで4代重ねて飛行甲板は8mしか長くなってない。竣工したばかりのジェラルド・R・フォード級だってロナルド・レーガンと1mと違わぬ333mですからね。だけどこの60年間で航空母艦の離着艦能力はものすごく向上した。同じ長さの飛行甲板で運用する戦闘機の最大離艦重量はF9Fの6.5トンからF/A-18E/Fの30トンへ4.6倍にもなってる。つまりあれはデカいんじゃないんですよ。あれぞ究極の小型化なんですよ。飛行甲板が60年前と同じ333mしかない、だからすごいんです。戦艦大和だって同じでしょう。どっかに書いてありましたが、46サンチ砲9門を搭載し安定化し、同等威力の砲に対して有効な防御力であるバイタルパート構造と装甲を備えた艦船としては、最小・最軽量の設計だったというのが真相でしょ。設計思想は「最強砲艦」であっても、「巨大艦」なんかじゃない。そういう風に考えていくと「でかいからえらい」「重いからすげえ」「速いから一番」という価値観は多くの場合「ああ勘違い」だったということがわかってきます。機械の設計には「でかいからえらい」なんて単純な価値観なんてないですよ。機能的な機械装置は、必ず最適化を目指して設計してます。ヒトラーのようなクソのド素人が作らせた超巨大兵器みたいな例外もありますが、そんなものを信奉しちゃいけない。まあスーパーカーというのもハリウッド映画やテーマパークやブロードウェイミュージカルみたいなもので一種の興行ですから派手にやらないと客を呼べないことは確かですが。

永田　うーん。

福野　「エンジンを積むためにあるようなクルマ」というセリフにも、確かに一片のロマンがないわけではありません。ただまともに考えれば馬鹿げた話ですよ。エンジンなんて所詮クルマを走らせるための動力源で、単なる手段にすぎないんだから。

永田　ロータスもそうだし60〜70年代のF1もそうですが、なんかイギリス人はエンジンにこだわらない印象がありますね。逆にイタリア車やドイツ車は「エンジンを積むために生まれたようなクルマ」が多い。

福野　乗用車の場合はロールスもベントレーもアストンもジャガーも自社製の巨大なエンジンを積んできた歴史がありますよ。でもスポーツカーに関してはおっしゃる通りです。戦前イギリスで発祥した「スポーツカー」というのは、信頼性がたかくて廉価な乗用車用のパワートレーンを軽量なオープン2座の車体に積み、軽さと低さと高トラクションのトータルパッケージのポテンシャルで高い運動性と運転の楽しさを廉価に実現するというコンセプトのクルマだったわけですから。

永田　マクラーレンは高級車ですが、思想的にはその直系ということですか。

福野　そう思います。対してヨーロッパ大陸の「グランドツーリングカー(＝GT)」は当時の航空機用やレーシングカーのエンジンの形式や材料や技術を使った巨大なV12エンジンを、トラックのように頑丈で重いリジッドサスのラダーフレームに搭載し、カロッツエリアに特注したエレガントなボディを架装して大陸間を優雅に走る列車のような超高級車だった。V12のイタリアン・スーパーカーはその直系。ベンツやBMWやアウディもそういうロマンをいまだにひきずってますと思います。

永田　ポルシェは。

福野　ビートルのエンジンを積むオープンカーから出発したんだから、ポルシェはまさしくイギリス式スポーツカーです。ただし後席を作るためミドシップをあきらめ妥協した瞬間に、異形の代物になった。持てる技術の一部をRRの欠点を覆い隠すために浪費せざるを得なくなったわけですからね。ポルシェだってそれが100％わかってるからこそ、レーシングカーとして設計したクルマはすべてミドシップにしたんですよ。

SPECIFICATIONS

マクラーレン540C
■ボディサイズ：全長4530×全幅1930×全高1202㎜　ホイールベース：2670㎜　■車両重量：1311㎏　■エンジン：V型8気筒DCHCツインターボ　総排気量：3799cc　最高出力：397kW（540PS）／7500rpm　最大トルク：540Nm（55.1kgm）／3500～6500rpm　■トランスミッション：7速DCT　■駆動方式：RWD　■サスペンション形式：Ⓕ&Ⓡダブルウイッシュボーン　■ブレーキ：Ⓕ&Ⓡベンチレーテッドディスク　■タイヤサイズ：Ⓕ225/35R19 Ⓡ285/35R20　■パフォーマンス　最高速度：320㎞/h　0→100㎞/h加速：3.5秒　■価格：2188万円(2018年当時)

04

ジャークの秘密
駆動特性と加速の限界
重量リスクを低重心・高剛性
という有利性へ利用する設計

テスラ・モデルS

永田編集長　今夜(2019年3月27日水曜日)はテスラジャパンさんからテスラ・モデルSをお借りしてきています。100kWhのバッテリーを積んだ「P100D」で「ルディクロス」というハイパワーオプションパッケージが付いた仕様です。

福野礼一郎　Ludicrous＝「非現実」かな。Ridiclousだと「おばか」ですが(笑)。

永田　本国のスペックだと前後のモーターの合計出力は568kW、トルク931Nmで「P85D」や「P90D」のパフォーマンスパックやルディクロスと同じなんですよね。

福野　でもバッテリーが違う。

永田　はい。バッテリーパワーという数値がありまして、これはP85D／P90Dのパフォーマンスパックの345kW、両車ルディクロスの397kWに対して451kWになってます。バッテリーパワーというのはどういうことでしょう。

福野　EVが発揮できる出力はモーター出力とバッテリー出力のうちの低い方、つまりバッテリー出力で決まります。

永田　そうなんですか？

福野　コンセントにつないで使い放題使える交流電源と違って、電力はバッテリーから供給されるわけですから、バッテリーの出力が低ければモーターが出せる出力も下がります。

永田　モーターがP85D／P90Dと同じ仕様でも実際はパワーアップしてるということですね。

福野　えー(車検証を見る)車重は2250kgで前軸1140kg、後軸1110kg。モデルSは2013年10月にRR仕様(リヤ2モーター)の「85」にまず乗り、2016年1月に3モーター式4WDになったP85Dハイパフォーマンスに乗りましたが、車検証記載重量はそれぞれRRの85で2110kg(前軸990kg、後軸1120kg)、4WDのP85Dで2190kg(前軸1110kg、後軸1080kg)でした。4WD同士の比較でもフロント30kgでリヤ30kg、トータルで60kg重くなってます。

永田　その重さがEVの最大の欠点ですよねえ。

福野　モデルSは汎用と同じ18650サイズの円筒形リチウムイオン電池(直径約18㎜、高さ約65㎜)を7000本～8000本床下のバッテリーパックの中に収納した構造ですから、バッテリー容量アップ＝本数増加。バッテリーを強化してパワーをあげれば単純に重くなるわけです。まあレシプロエンジンでもパワーを上げると冷却系や潤滑形、駆動系、サスなどを強化しなくちゃいけないから、やっぱりパワーアップすると重くはなるんですが。

永田　前後で3モーターですね。

福野　リヤは2基の三相液冷交流誘導モーターとDC-ACインバーターを同軸上に配置して1段減速ギヤ機構＋デフと連結したT字型パワートレーン、フロントは1モーターとトランスアクスルを一列に配置した横置きFF式レイアウトです。最初のRR仕様はこの2モーターT字型ユニットだけをリヤに積んでたんだけど、その後、軽量な横置き1モーターユニットを開発してそれを前後に乗せた4WD仕様を開発した。このハイパフォーマンス／ルディクロスはフロントはそのまま、リヤだけ最初のRR用の2モーターユニットに戻した仕様ということです。

永田　モーターも最強仕様なんですね。タ

イヤはミシュラン・パイロットスポーツTの245/35、265/30の21インチです。

福野　2013年に初めて乗ったときからこのブランド、このサイズでした。

永田　2013年の時点でもう21インチのオプションがあったんですか。さすがですね。

　二人でクルマに乗り込む。

永田　ちなみにテスラはリモコンキーを持ってさえいればドアロックは自動解除され、システム電源も自動的に入ります。コラムのAT式セレクターをDにするだけですぐ走れる。コラムユニットはご存知のようにベンツのものをそのまま使ってます。外に出てドアを閉めてクルマから離れればオートロック。こういうインスタントなアクセシビリティが自動車メーカーとはやっぱ違う感じです。盗難とかハッキングとか考えると、セキュリティこれでいいのかなとも思っちゃいますが。

福野　モデル3の生産が10万台を突破し、アメリカではカローラ、カムリ、シビック、アコードに次ぐ5番目の販売実績。テスラはあっという間に大メーカーになりました。生産台数24万5000台(2018年)という規模は、マカンの販売で飛躍的に拡販したポルシェとほぼ同規模です。

永田　インテリアは2013年のデビュー時からほとんど変わってませんが、古さも感じ

ませんねえ。

福野　この17インチ縦型LCDにはこの6年間、結局誰も追いつけなかった。自動車メーカーまったくなさけない。ただ右ハンドルだと左手操作しなきゃいけないので、ブラインドタッチの時間が一瞬長くなってそこが苦しいです。これは右手効きにとって、右ハンドル車すべてがむかしから抱えている操作性の問題ですが。左ハンドルの国に行くと「右ハンってシフトチェンジ、左手でやんのか？　そりゃだめだ」って、よくいいますよね。

スタートして試乗。しばらく完熟走行してから国会前に出る。

福野　この道はクルマがまったくいないんでちょっとだけ加速してみます。いいですか。

永田　（身がまえる）はい、どうぞ。

徐行速度の20㎞/hからアクセルペダルを7割くらいまでぐいと踏み込むと瞬間的に猛烈な加速が生じた。

永田　うわっ。

福野　くー。

永田　きました……。

福野　だめだ。くらっときた。いてててて。

永田　なんか脳内の毛細血管が何本か切れたような……。

福野　私はちょっと視界が暗くなりました。これはもう身体的な限界をちょっと超えてるな。

永田　スピード自体はぜんぜん出てないですよね。

福野　60㎞/hまで加速しただけです。ただし1秒間で（笑）。

永田　一瞬ワープしましたね。これは……これはこれまで乗ったどんなスーパーカーよりも圧倒的に速いです。

福野　加速自体ってよか、その躍度ですよね。ジャークがすごい。

永田　ジャーク。

福野　加加速度です。単位時間あたりの加速度の変化率。Gが高いだけでなくGに達するまでのジャークが高い。通電するといきなり最大トルクが出るから当然なんだけど、これだけ出力があってトラクション高いと、もうジャークはほとんど耐え難い。

永田　なんでモーターはいきなり最大トルクが出るんですか。

福野　なんで内燃機関はいきなりトルクが出ないのかなって、そう考えたほうがわかりやすい。ガソリンエンジンはアクセル踏んだら、演算して噴射量を決めてインジェクターで筒内直接噴射して、燃料をタンブルしながら空気と混ぜ合わせてシリンダーに吸引し、圧縮してから点火して燃焼、それで生じたピストンのストロークでクランク回して、それでやっと出力ですから。レスポンスなんかいいわけないでしょう。

永田　確かに。

福野　あとレスポンス悪いのはトラクションコントロールも、ですね。いくらスロットル絞ったり点火時期遅角させたりしても、ガソリンエンジンは反応が鈍いから、自分自身の暴走を止めるためにクルマ側でもブレーキ使ったりしなきゃいけない。モーターならタイヤのスリップをフィードバックしてミリセカンドレベルで出力制御できるから、トラクション効率を100%に近くにキープできます。だからあんなジャークも出せるんでしょう。むかしJAIAの試乗会でベンツの500Eに初めて乗ったとき、アクセルをふみこむと路面のμ変化に追従してトラクションコントロールが絶妙に作動しながら加速していくのに衝撃を受けたもんですが、このトラコンはあれの500倍くらい凄い。

永田　うーん。

福野　重量のある物体を動かすときは動かし始めに一番力がいるから、ゼロ回転から最大トルクが出るモーターの出力特性はクルマの動力として理にかなってます。レシプロのように往復質量で生じる振動がなく、吸排気の騒音もない。これまで自動車評論40年間で低中速トルクの強力なエンジンを賞賛し、多段・瞬間変速ATを褒め、静かで振動のないエンジンを称えてきたんだから、まさにその権化たるモーターを褒めないわけにはいきません。ただしもちろん「化石燃料をCO_2に戻さない」云々の点だけは、現状のEV世界は原発前提だから、こんなもの省エネだとも環境にやさしいともぜんぜんまったく思わない。クルマのパワートレーンとしての特性がいいって言ってるだけの話です。だからEV推進派なんかじゃありません。

永田　さっき86とリーフとテスラのグラフを見せてくれましたが。

福野　駆動力─車速線図ですね。本誌の姉妹誌の「モーターファン・イラストレーテッド」の連載(単行本「クルマの教室」に収録)で自動車メーカーのエンジニアが描いてくれた図ですが、エンジンとモーターの特性の違いがよくわかります。図1の縦軸の「駆動力」、これはタイヤ接地面に生じる力のことです。エンジンなら変速機+最終減速機で減速してトルク増幅した値ですね。**駆動力を質量で割ると加速度がでますから、駆動力≒加速力と考えていいです**。横軸は車速です。図1に点線で描いてある右下がりの双曲線のカーブは、152kWという全開出力を持つ86が、そのパワーをすべて駆動力に変換できた場合に描く理想の駆動力変化です。馬力＝トルク×回転数(回転数≒車速)なので、加速したときに馬力が完全に駆動力に変換できれば、車速が上がるにつれて駆動力が低下していってこういう曲線を描くわけです。

永田　なるほど。この右肩下がりの点線ですね。はい。

福野　図1ではこのグラフに、1速から6速までの6本のうにゃうにゃした線が描いてありますね。この6本が86がエンジンを回したときにそれぞれのギヤ段で発揮する駆動力の変化の様子です。あのエンジンはトルクの変動(回転に応じて生じる山谷)が大きいので、例えば一番左にある1速ギヤの駆動力カーブを見ると、ゼロ車速から55km/hあたりまで上下に駆動力を大きく変動させながら加速していってることがわかります。55km/hでエンジン回転が上限に達してしまうため、クラッチを切って2速にシフトアップしますが、そうすると車速は変わらないけど駆動力がだーんと低下し、真下の2速の駆動力のところまで落ちます。2速→3速、3速→4速、4速→5速すべて同じ。スタートからこの線に沿って最高速まで指でなぞって走ってみてください。凸凹駆動力変化しながら加速していってどーんと落下、凸凹駆動力変化しつつ加速していってどすーんと落下。理想曲線とほど遠い凸凹をたどりつつ何度も落下しながらぎくしゃく加速していくこのザマを「トルクの山に乗る」だの「頂点に向かって吹け上がる」だの言って喜んでるわけです。

永田　はい(笑)。実際楽しいですから。

福野　ただしシフトアップのたびに生じるこの垂直落下によって、灰色でハッチングした三角形の部分のエネルギーを「理想カーブに対して損失している」ともいえるわ

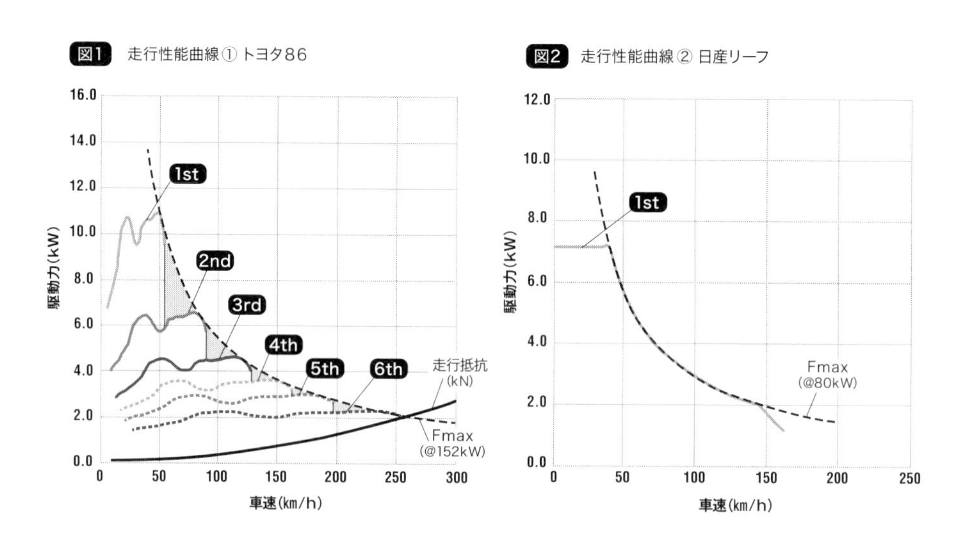

図3 走行性能曲線③ テスラ・モデルS（参考）

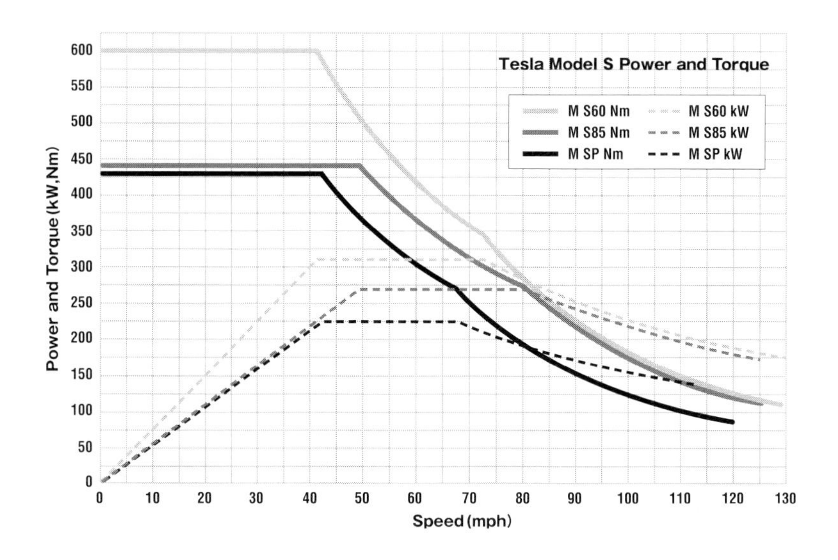

けです。

永田　……。

福野　対して図2はリーフの駆動力—車速線図です。モーターの特性によって40km/h〜145km/h付近の領域で見事にパワー一定カーブ（理想の点線）の上に乗っています。変速機なしでこういう特性が出せるのがモーター駆動車の特徴です。

永田　145km/h以上で急激に駆動力が低下してますが、これもモーターの性質ですか。

福野　これは制御を入れて出力を故意に絞ってるんですね。回転数の超過とか発熱の問題です。

永田　ゼロから40km/hくらいまでは駆動力が直線ですが、これはどういう意味ですか。

福野　これもトルク一定に制御してる領域です。専門家に聞いたところでは、これはモーターの基本設計に関わる特性で、私にはよくわかりませんが、低回転領域では電流値をどんどん増やしても磁束密度が飽和してしまうので、いずれにせよこのような特性になるらしいです。なので無用な負荷をかけないため、最初からトルク一定になるよう制御しているのでしょう。この**モーターの特性をパワーカーブでみれば、回転が上がるにつれてパワーが直線的に上っている**ことになります。

永田　そういうことですか。

福野　図3がテスラ・モデルSの駆動力—車速線図です。実線が駆動力、点線がパワーです。おなじような線が3本づつ描いてあるのは仕様差なのかモード切り替えなのかちょっとわかりませんが、ともかく一番上の線を見るとリーフ同様、ゼロ車速から43mphまではトルク一定制御（＝下部に点線で描いてるパワーはこの間、直線的に増加している)、43〜73mphくらいまでは理想曲線(パワー一定加速)で車速を上げ、73mph(117.5㎞/h)以上ではリーフ同様に出力制御が入ってます。たぶんモデルSのローンチ当時のデータでしょうが、確かに最初のRR車は、低速での加速が猛烈なのに対して車速が伸びていくと駆動力が低下し、さらにこれに制御が介入するので、高速で力が急激になくなるような印象がありました。4WDになってからはその頭打ち感がかなり減少しましたが、出力に余裕が出たのと同時に、冷却やギヤリングの改良で制御介入度を弱めることもできたからでしょう。

永田　こうやって見比べると確かにリーフとそっくりの特性ですね。ただトルク値と車速がどちらも桁違いですが。

福野　このグラフは全開特性ですが、モデルSは部分負荷の中間加速でも駆動力のロスがなく、加速の穴がどこにもありません。しかもどこから踏んでも一瞬で強烈なジャークがでる。常用速度全域超絶レスポンスです。

永田　本車でさえ0→100㎞/h公称2.4秒ですから、1.8秒のロードスターならどうなっちゃうんでしょう。

福野　いやいや0→100㎞/h1.8秒なんて絶対でないっス。無理。

永田　いやテスラはそう公称してます。

福野　いや絶対無理。出ません。ホラです。**クルマの加速の限界は出力ではなく車重でもなくトラクションで決まる**からです。簡単な計算ですよ。**0→100㎞/h加速の平均加速度を求めるには100㎞/hを3.6で割ってm/sに換算し、これを加速タイムで割ってからさらに重力加速度9.81で割ればいい**。0→100㎞/h1.8秒で計算してみてください。

永田　えーと……100割る3.6で27.77。これ割る1.8秒で15.43。これ割る9.81で……1.57。

福野　1.57Gです。ロードタイヤと一般路の舗装路面の組み合わせのμで1.57Gなんかでますか?　出るわきゃない。サーキットだって無理。せいぜい1.2Gが限界ですよ。

永田　すみませんμとGはどういう関係ですか?

福野　**トラクション効率が100%ならμ=1のとき1Gだせます**。例えば最大加速1.2Gとして、100を1.2G×9.81×3.6の値で割ると?

永田　え〜、1.2×9.81×3.6は42.38ですから、100割る42.38は2.35。

福野　はい。路面とタイヤで作るμが1.2なら、0→100㎞/hの加速タイムは2.35秒が限界ということです。だからロードカーで0→100㎞/h1.9秒とか1.8秒とか称しているのはウソ。ただの計算値。絶対出ません。

永田　2017年9月9日にトップフューエルのドラッグスターの世界記録が更新されて「ゼロヨン4.485秒」だったそうですが、その場合は何Gくらいになるんでしょう。

福野　**加速度m/sをa、タイムをT、距離をSとするとS=1/2aT²**ですから、**平均Gを計算するなら2S割るT²割る9.81**です。1/4マイルを402.23mとして計算してみてください。

永田　402.23mかける2で804.46。4.485秒の二乗が20.225、804.46を20.225で割って、それをまた9.81で割るわけですね。……えーと4.05かな。

福野　平均4.05Gということです。つまりドラッグレース上では、あの特殊舗装路面とあのタイヤとバーンアウトでμ＝約4までいってるということ。だからあれはエンジンパワーだけの話ではありません。路面とタイヤとバーンアウトで異常なμが出ているからこそ可能な話です。今後テスラ・ロードスターが出てきたら、YouTubeで加速テストとかやって0→100km/h1.8秒出たーとか、おバカなデモをきっとやるでしょうが、絶対それドラッグコースですから。普通の路面じゃない。インチキです。

永田　ちなみにドラッグスターって前輪が細いですよね。あれはなぜですか。

福野　ホイールベースを長くしてスタビリティを出しつつ、車重をほとんど後輪にかけてトラクション効率を100％近くにしてるんでしょう。バイクでウイリーしてる状態に近いですね。

永田　ウイリーか。ウイリーすれば確かに全車重が駆動輪にかかりますね。ドラッグスターってATですか。

福野　変速機なんかないですよ。多板クラッチを滑らせて回転一定にしてる。スピードが上昇したら手動でクラッチ直結にする。

永田　多板クラッチを滑らせて回転一定。

福野　一種のフルードカップリンク状態ですよね。マニュアル車の運転で例えるなら、4速にいれて、エンジン回転上げながら半クラで発進、そのまま半クラでずーっとエンジン回転を最大トルク発生回転数に保ちながらと加速していって、例えば100km/hに達したら初めてクラッチを完全につないであとはエンジン回転の上昇で加速する、そんな感じ。

永田　よくクラッチ持ちますね。

福野　当然摩擦材は使い捨てですね。毎回組み替える。でも変速機のトラブルが一切ないし、クラッチが滑るだけで駆動系に加わるストレスは一定に保たれるから、あれはあれで大変理にかなってます。それにクラッチのスリップで無段変速しながらパワー一定の理想曲線に乗ってロスなく加速してるということですから、さっきの86の灰色ハッチングの三角形の無駄がない。モーター駆動に非常に近いわけです。

永田　**テスラは駆動力を加速に変える効率ではドラッグスターに近い**ということですね。なんとなく納得です。でももう一回言いますが、スーパーセブンからはじめてA110、マクラーレンとここまで乗ってきて、スポーツカー／スーパーカーの資質の絶対条件として毎回出てきた「質量」という件に関しては、テスラはまったく不利でしょう。このクルマの2.3トンという車重はどう考えますか。

福野　最悪です。おっしゃる通りそれが最大の欠点。開発スピードを短縮し、リスクを回避するためテスラは既製品の電池を集積して使っているから、ただでさえ重いものがさらに重くなってます。バッテリーパックの寸法を1900×1400㎜とすると1セルは270×650程度、直径18㎜の電池を縦にびっしり詰めればざっと540本、14セルなら7560本ということですが、その1本1本が単体での使用とハンドリングに耐える丈夫なアルミ製ケースに入ってるんだからそりゃ重いですよ。ただしそれを束ね、制御ユニット一体の平たいパックにして頑強なフレームの下部に吊り下げ懸架してるんで、車両の重心高が460㎜しかない。全高1200㎜

クラスのスーパーカーでさえ重心高は460〜480㎜ですからね。この低い重心高と強固なシャシコンストラクション、そしてモーターの駆動力でモデルSは百難隠しているともいえます。

ここまでのまとめ

加速というと「0→100㎞/h何秒」などとという全開加速指標ばかりで論じることが多いが、実際に公道での加速感を左右するのは、低中アクセル開度からのアクセル踏み込み角、踏み込み速度に対する加速の反応、つまり「レスポンス」だ。

パワーやトルクの絶対値だけではなく、伝達性能こそ加速のポイントである。

エンジンはアクセルを踏んでもいきなりパワーは出ない。そこでエンジンは吸排気や燃焼などの様々な工夫によって、1分間あたりの回転数(＝rpm)を高め、単位時間あたりの爆発回数を積み上げることによって単位時間あたりの最高出力を稼いでいる。馬力とはトルク×rpmである。

だが低い回転数ではクルマを発進させ強力に加速させるには力がまったく足りないので、それでやむなくギヤで回転数を減速しトルクを増幅している。加速の瞬間にどのギヤ段に入っているかで加速性能は大きく変わる。

ご存知の通り、同じ速度からの加速なら、

2速に入っていれば回転が上がってパワーが出て加速も速いが、5速に入ってるなら回転数が低くてパワーが出ておらず加速は遅い。

モーターにはそうしたややこしい配慮はぜんぜんいらない。0rpmから最大トルクを発生するからだ。一番力が欲しいときに力があるのだから、ある速度までの範囲内なら多段の変速機も不要だ。

とはいえ実際にクルマを加速させるのはタイヤである。

加速性能の上限はタイヤのグリップで決まる。

タイヤのグリップを決めるのはタイヤの性能、路面の状態、荷重の状況だ。

μ(ミュー)という単位がよく出てくるが、μ＝摩擦係数とは物体の接触面に作用する摩擦力とそこに垂直に加わる圧力(＝垂直抗力)の比である。摩擦力が強くても圧力(荷重)が低ければ摩擦係数は低くなる。つまりμはタイヤの性能と路面の状態と荷重状況の3つの総合的な指標といえる。

ギヤでトルク増幅したエンジン出力やモーター駆動力など、クルマがその瞬間発揮するパワーをホイールスピンせずにすべて加速に変えることができる状態を**トラクション効率100%とすると、1Gの重力がかかっている地球上ではμ＝1のとき1Gの加速が可能**だ。

最高レベルのグリップを発揮するスポーツタイヤとサーキットなどの高μ路面の組み合わせの場合、タイヤと路面で作る摩擦係数は最大でμ＝1.2くらいまではいく。つまりトラクション効率100%のクルマなら1.2Gの加速が可能だ。

平均1.2Gで加速すると、そのとき**車速到達時間＝速度(m/s)÷｛加速度(G)×重力加速度(9.81)｝**である。計算結果は2.36。つまりトラクション効率100%でμ＝1.2のときにクルマが発揮できる加速性能の物理的限界は0→100km/h＝2.36秒だ。これを超えることは物理上できない。

パワーを上げるとどうなるか。

タイヤがグリップ限界を超えてホイールスピンする。

ボディを軽量化するとどうなるか。

駆動輪荷重が不足しタイヤがホイールスピンしてやはり駆動力が流出する。

つまり公道を走るどんなクルマであってもμ＝1.2なら0→100km/h＝2.36秒を超えることは絶対にできない。「0→100km/h＝1.8秒」などというまやかしの性能データを真に受けてはいけない。

加速のもうひとつの要素はジャークである。

ジャークとは単位時間あたりの加速度の変化率＝加加速度のことだ。

テスラ・モデルSはモーターのモードを最強の「Ludicrous(非現実)」にしておくと、アクセル開度0%からほんのわずか、10〜15%の踏み増しでさえ瞬間的で強烈な加速感が生じる。

さらにアクセルを踏み込むと一瞬目の前が暗くなってめまいが起きるほど猛烈なジャークが生じる。モーターの特性で、最大トルクを発生するまでのタイムラグがエンジンと違ってほぼゼロだからである。

またモーター駆動車ではトラクションコントロールのレスポンスも早い。エンジンならスロットル絞り、点火時期遅角させ、さらにブレーキをかけたりしないとタイヤの空転を止められないが、モーターならタイヤのスリップを瞬時にフィードバックし、ミリセカンドレベルで出力制御できる。加速中にμが変化してもトラクション効率を100%近くに常時キープしておける。だから速い。

連装のプリミティブ

「モーターなんて味気なくてつまらない」という人もいる。

初めてジェット戦闘機に乗った第2次大戦歴戦のパイロットもそう思ったかも。

航空機の分野にも「エンジンはV12に限る」といまだに信じている人たちがいる。V12、あるいは星型14気筒／18気筒を搭載した第2次大戦のレシプロ戦闘機を極限までチューニングして、時速800km/hで周回飛行を行うエアレースがリノで毎年行われている。「最高のエンジンはV12だ」という考えが間違いだとはいわない。趣味は個人の自由だ。

ただし現実問題、いまどき往復運動機関＝レシプロケーティングエンジンで空を飛んでる航空機なんて軽飛行機とラジコンくらいである。プロペラを回転させて推進し揚力を得ている航空機でも、旅客機、ヘリコプター、オスプレイ、どれも動力源は往復運動部のないガスタービン（＝ジェットエンジン）だ。飛行機の飛行特性と性能向上には往復運動機関よりジェットエンジンのほうが明らかに向いているからである。大昔のレシプロ戦闘機がどんなに楽しくても、それが物理の真相なのだから仕方がない。

同様にクルマの走行特性と性能向上にも、往復運動機関よりモーターのほうが明らかに向いている。どんなに6ℓV12が面白くてもそれが物理の真相だから仕方がない。

クルマの世界でも航空機同様、往復運動機関が終わっていくのは自明の理だろう。

永田　だけど何度も言いますがEVは重いです。100kWhのバッテリーを積んだこの「P100D Ludicrous」で車検証記載車重は2250kg。前軸1140kgで後軸1110kgもあります。福野さんが「スポーツカーはこうじゃなきゃ」と言ったスーパーセブンの4.6倍ですよ。いくらなんでもこれを褒めるなんて矛盾しすぎてませんか。

福野　はい。EVカーの話としてならその通り。そこが現時点のEV車の運動性の最大の矛盾です。いまのEVは旧来の電池をそのまま使っているから容量の割に重くてでかい。航続距離を上げようとするとクルマが大きく重くなる。まあ6ℓV12だって実は航続距離をのばそうとすれば燃料タンクが大きくなって重くはなるんですが。

永田　ガソリンの比重は0.75でしたっけ。80ℓ満タンでも60kgですからバッテリーよりは軽いですよね。それにバッテリーは充電残量が減っても軽くならない。

福野　新世代電池の完成を待たずに旧来型電池を使って見切り発車することでマーケットをリードしたところが、いわばトヨタとテスラの商売のうまさだったわけでしょうから、EVの矛盾というのは一種の必要悪であるといえるかもしれません。

永田　トヨタのそれはハイブリッドの話ですか。

福野　EV車の基本構想は90年代初頭にはほぼ完成していて、実用化も可能でした。問題はバッテリー。とくに充電インフラと航続距離です。95年の東京モーターショーで某電池メーカーのエンジニアにインタビューしたとき、彼は「8時間充電で500km走行できるバッテリーはあと5年以内に実現する」と確約しましたが、5年待っても10年待ってもできませんでした。トヨタは「リチウムイオン電池ができるまで悠長に待ってなんかいられない」と、90年代後半に旧来のニッケル水素電池を使ってハイブリッドを作って発売し、エコカー市場の世界天下を取りました。あのインスタントな決断がなかったらトヨタなんていまごろどうなってたかわかりません。

永田　その20年後にテスラも「燃料電池ができるまで待ってなんかいられない」とパソコン用のリチウムイオン電池を7000本束ねてEVを造って天下を取ったということですね。トヨタに学んだと言うことでしょうか。まあ7000本の電池を床下に並べるというプリミティブさにはいささか呆れますが。

福野　月に人間を送るのにアメリカは巨額の国家予算を投じて、推力6.77MN、重量8391kgの巨大なケロシン／液体酸素燃料ロケットエンジンF1型を開発し、サターン5型の1段目S-1Cにそれを5基使いましたが、ソ連は宇宙計画初期のころに開発してコストが安く信頼性も高かった推力1.68MN、重量1240kgの小型のNK-15エンジンを流用し、第1段だけで30基並べて使いました(＝N1ロケット)。

永田　30基ですか(笑)。バランスとれるのかな。

福野　まさに結局それが難しくて4回連続で打ち上げに失敗し、ソ連の月計画は徒労に終わりました。しかしこの例でお分かりのように「力が足りなきゃ並べりゃいい」というのは動力設計の古典なんですね。アメリカも第2次大戦のとき、M4シャーマン戦車を大量生産するに際して、軽量／高出力で信頼性の高い航空機用の星型9気筒のライトR975型エンジン(15.93ℓ／400hp)を低圧縮比化して搭載したんですが、エンジンの供給が間に合わなくなってきたんで、生産を一部担当していたクライスラーは自動車用の3.4ℓ直6ガソリンを放射状に5基連結した30気筒エンジン(20.5ℓ／370hp)を作って積んだ。

永田　同じく30連ですか。アメリカ人も馬鹿ですねえ。はははは。

福野　私が言いたいのは、500ccのエンジンを12基並べて6ℓV12作るのだって、メンタリティとしてはあんま変わらんということです。

永田　あそうか。まあ確かにそうですね。うーん、そうか。12気筒＝12連エンジンか。

福野　遊星ギヤ列をCVTにしたトヨタのハイブリッド・パワーユニットの設計は天才だったと思いますが、クルマとしてのトヨタ・ハイブリッド車の構造は普通のクルマの車体にハイブリッドユニットとバッテリーを積んだだけです。テスラはそこが違う。7000本のバッテリーを積むためにシャシーの設計思想からまったく変えた。変えざるを得なかったとも言えますが、その方法論はプリミティブどころか画期的です。こうやって運転しててもコーナリングの安定感やステアリングレスポンスは、自重2.2トンもあるクルマとはとても思えない。重心が低くサス取り付け部局部剛性やシャシーの横曲剛性が猛烈に高いからですよ。質量のリスクを低重心・高剛性という有利性へと実にうまく転換してる。だから重いからと言って一概にダメといえない。むしろ思わず感心しちゃう。

モデルSのシャシーを観察する

試乗の1週間後、永田と福野は東京・南青山2丁目のテスラ青山のショールームにモデルSのベアシャシーを見にきていた。

永田　2013年の東京モーターショーで展示したそのものですよね。いまでも基本的には同じなんですか？

テスラ担当者　基本的には同じです。モーターの形式や配置はモデルによって変わってますが。

永田　この真っ平らなフロアパンだけの構造って、VWビートルとか930時代までの911みたいですね。

福野　ビートルのシャシーと決定的に違うのは両サイドのアルミ押出整形の大断面部材ですね。多分内部は「目」の字や「田」の字の断面になってると思いますが、これを左右2本並べ、プレス材のクロスメンバーで組んで梯子型にしてから、前後にアルミ鋳造／ダイキャスト部品を溶接してます。この展示用シャシーにはフロアがついてないけど、ナショジオチャンネルでテスラ工場の取材番組を見たら、ちゃんと生産車はフロアを張って接着してました。バッテリーを並べて、上下から鋼板で挟み込んだ重量数百kgのバッテリーユニットを、この強固な構造のフロアに吊り下げてボルト止めしてます。なのでバッテリーケースもシャシー剛性に寄与しています。

永田　ビートルと違うという両サイドの大断面部材。その設計的意図はなんですか？

福野　パイプのような閉断面構造材は強いです。羊羹センセの受け売りですがパイプ材の剛性を決める断面二次モーメントは、肉厚一定ならパイプ半径の二乗で増加し、強度を決める断面係数は半径に比例して増加します。なので同じ重量ならパイプを肉薄にして径を太くしたほうが剛性や強度が上がります。これを「大径薄肉化」といいますが、あんまりやりすぎると断面崩れといって座屈しちゃうから、**内部を「目」の字や「田」の字に補強する。それにはアルミ押出成形しかない。**

永田　それが「目」の字や「田」の字の断面ですか。

福野　鋳造材やダイキャスト材をジョイントに使っているのは、部位によって肉厚をコントロールして重量と強度と剛性を最適化できるからです。フロントのタワーバー部はアッパーアーム取り付け部とホイールハウス部とタワーバーを左右橋架けするクロスメンバー取り付け部を一体化したアルミダイキャストで、ここはもの凄い設計です。ここまでやった例はベンツ／ビーエムにもない。

永田　クルマを造ったことないアメリカのメーカーだから、大したことないんじゃないかと思ってました。

福野　いえいえこのシャシー見たメーカーのエンジニアたちは心底感心してましたよ。「ビッグ3から引き抜いてきた生え抜きのシャシー設計者が、やりたいようにやった設計だろう」って。バッテリーを床下に釣る構造だから重心高は地上460㎜しかない。地上460㎜と言ったらSUVのサイドステップ

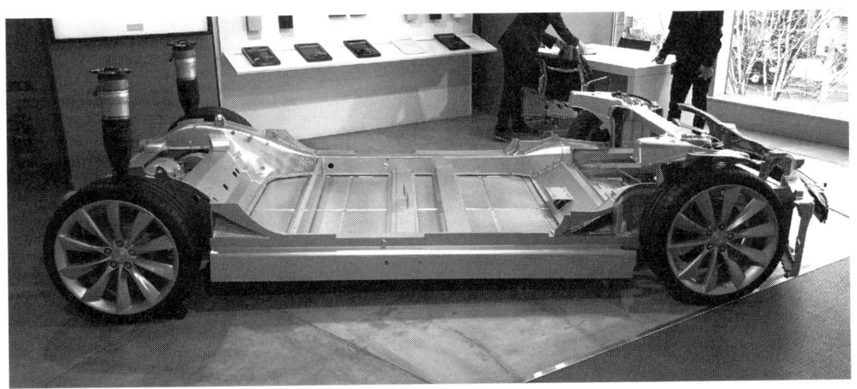
モデルSのシャシ展示。バッテリーパックを釣った強固なフロア構造で車体を支えるフレーム構造　横曲剛性は非常に高い

リヤのモーターアルミ鋳造サブフレームに乗せ後車軸上にマウント。ミドシップとリヤエンジンの中間だが搭載位置が非常に低い

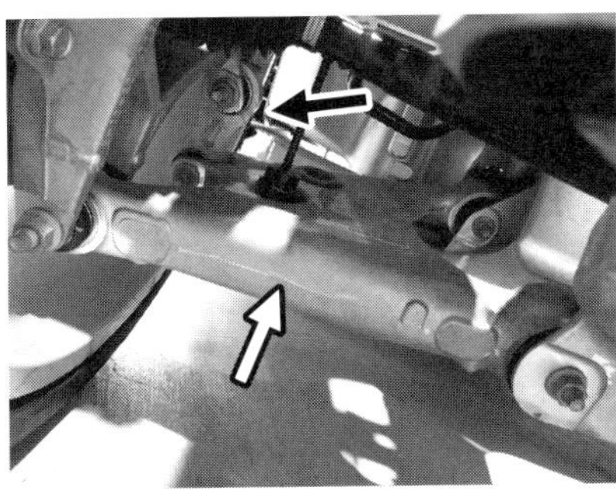
リヤサスをリヤから。アッパーIアーム、ロワは台形アーム(白矢印)+インテグラルリンク(黒矢印)+トーコンロッドという旧BMW方式

フロントのストラットタワー部はアッパーアームマウント、ホイルハウスと一体でしかも左右をクロスメンバーで連結している

巨大なアルミダイキャスト構造のバンパーメンバーを八角径断面メンバー(きれいに潰れやすい)でまっすぐ保持するすぐれた衝撃吸収構造

くらいの高さですよ(モデルSのステップ高は実測410㎜)。しかもこのフロア構造。ねじり剛性(乗り心地に寄与)も高いでしょうが、横曲げ剛性(操縦性に寄与)はそれこそ猛烈に高いでしょう。

永田　横曲げ剛性。

福野　ボディ／シャシーを真横から水平方向に押したときの剛性です。

永田　剛性＝梁が弾性変形するときのばね定数、でした。

福野　操舵によって前輪にスリップアングルがつき、これによってコーナリングフォースが発生してクルマにヨーイングが生じて向きが変わり始めたとき、もしボディの横曲げ剛性が低いと、ヨーイングのエネルギーの一部がシャシを曲げることに使われてしまって、後輪にスリップアングルがつくのが遅れます。この遅れがハンドリングの感覚に影響をおよぼして「反応が鈍い」「ヨーゲインが低い」などと感じさせてしまうんですね。横曲げ剛性が高いと、前輪がヨーを発生するとほぼ同時に後輪にもスリップアングルがついてリヤでもコーナリングフォースを発生しますから、操縦性のレスポンスが良くなる。ですから**操縦性にとっては横曲げ剛性が非常に重要です。これはコンピューター・シミュレーションによって明らかになってきたクルマの秘密です**。

永田　横曲げ剛性を上げるにはどうすればいいんですか。

福野　エンジニアは「クルマの低い位置を堅める」と表現してました。サブフレームの底面に斜めに張り渡すブレース、センタートンネルの開口部をブレースやトラスで橋架けして開口部変形を防ぐ設計などです。とくにトンネル開口部強化は「ストラットタワーバーなんかより遥かに操縦性向上に効く」と言ってました。シミュレーション使って設計し、実際にクルマに装着して走ってその効果を確かめてみた人が言ってることで、我々自動車評論家なんかの脳内妄想と違って間違いない。

永田　フロアの底面全体がバッテリーで出来てて強化されてるからテスラは横曲げ剛性が高いと。

福野　そうです。

永田　じゃあビートルやその発展型の356や911も、横曲げ剛性という点ではポイントをついた設計だったと言うことでしょうか。

福野　その通りです。軽くて強くて操縦性がいい秘密だったと思いますよ。まあ原始時代のレベルの話ですが。

永田　テスラのサスはどういう感じですか。

福野　前後ともBMWの影響が強い。フロントはロワがツインリンク、アッパーがスチールのプレス材を二枚スポット溶接したAアームのハイアッパー式ダブルウイッシュボーンというBMW方式です。ロワをダブルリンクにすると、ブレーキを大径化しながらキングピン軸の設定の自由度を上げることができるんで、これは最近の上級車はみんなビーエムのまねしてます。テスラではラック同軸モーター式の電動パワステユニットやフロントの駆動モーターと一緒に、ロワアームをアルミの押出材溶接構造のサブフレームにマウントしてますね。リヤのサブフレームはモーターが重いのでH型の金型鋳造製。サスはアッパーがIアーム、ロワが台形アーム＋インテグラルリンク＋トーコンロッドという旧BMW方式です。この方式は旧フォード系各社がコピーして、いまでも主流として使ってます。

永田　旧フォード系各社というと？

福野　旧PAGのジャガー、ボルボ、あと本家のマスタング(7代目2015～)。

永田　その旧BMW式リヤサスの設計のポイントはなんでしょう。

福野　独立懸架式サスペンションの基本の理想を一気に実現してしまったベンツの5リンク式マルチリンクをみて、当時ビーエムもあせってアタマを捻ったんでしょうね。ベンツ式5リンクの欠点は10ヵ所すべてがボールマウントとブッシュなので、サス剛性が低いことです。そこでそれを逆手に取って、ロアにボディ側／ハブ側ともに軸支持の台形アームを採用し、サス剛性を徹底的に上げる対抗手段にでた。60年代スーパーカーと似た発想ですね。ただし台形アームはアライメント設定に自由度がないし、トーコントロールもできない旧時代のサスなので、なにを思ったかBMWはハブ側のサスマウントを一ヵ所はずし、そこをリンクで上からぷらぷら吊って、後部にトーコントロールリンクを設けてトー制御するという、意味不明の設計にしました。確かにトーコンリンクをアクチュエーター＋タイロッドに変えれば後輪操舵にもすぐできますが。なぜか同じくアウディも台形アームを採用しましたが、全部パクるのは嫌だったのか、軸マウント一ヵ所の左右剛性を落とすことでBMWと同じ効果を出してました。どちらの方式もどう考えてもまぬけた設計です。ばね下が重くなるのを承知で重くて剛性の高い台形アームをわざわざ採用しておきながら、ぷらぷら吊ってわざと剛性落として使うなんてわけわかんない。羊羹センセも「わけわからん！」とおっしゃってました。しかしそういうアホな設計をさらにまねして使っちゃうエンジニアも世の中にはいるんですね。まあ多分PAGかフォードでこのサスの開発に関係してたエンジニアがテスラに引き抜かれて、このサスを作ったのではないかと思います。「流出」っていったって元がコピーだから人のことは言えない。パテント抵触回避のためかテスラのはインテグラルリンクとトーコンロッドがフロント側にありますが、狙いは同じです。ちなみにBMWは現行7シリーズ(G11/G12)からこの方式を捨て去ってベンツ式5リンクに移行してます。旧アウディも似た方式だったけど、やっぱりベンツ方式に変えてます。

永田　サスに関しては平凡ということですね。

福野　設計的にはその通りです。ばね下が重いのでリヤがばたつく感じも出ています。ただ操縦性に関してはこれだけシャシー剛性／取付局部剛性高ければ、サス形式がなんだろうとあまり影響ありません。クルマの操縦安定性はボディ／シャシー剛性と取付局部剛性、重心高と重量配分、トラクション、走り込みによる制御の設定など、いろいろな要素の集積です。サス設計はその一翼一面にすぎません。**「サス形式でなにかが決まる」というのはクルマ談義の幻想の最たる例です。**

SPECIFICATIONS

テスラ・モデルS 100D
■ボディサイズ：全長4979×全幅1950×全高1443㎜　ホイールベース：2960㎜　■車両重量：2106㎏　■モーター最高出力：193kW（262PS）／6000rpm　モーター最大トルク：525Nm（53.5kgm）　■トランスミッション：1速固定　■駆動方式：AWD　■サスペンション形式：Ⓕダブルウイッシュボーン Ⓡマルチリンク　■ブレーキ：Ⓕ&Ⓡベンチレーテッドディスク　■タイヤサイズ：Ⓕ&Ⓡ245/45ZR19　■パフォーマンス　航続距離：632㎞　0→100㎞/h加速：4.3秒　■価格：1203万8000円(2019年当時)

05

アルミ製車体構造の秘密とは何か 操縦性や乗り心地やドライバビリティを 生む理由とは何か オープンカーに乗りながら考える

ジャガー Fタイプ

午後7時半。東京・丸の内の東京駅中央口近辺でジャガーFタイプ・コンバーチブルの撮影中だ。この場所はブライダル記念写真撮影のメッカである。

永田　あそこにもウエディングドレス姿の女性がいます。行幸通りの歩道4ヵ所で同時に撮影してますね。赤煉瓦の東京駅バックにウエディングの記念写真なんて誰が始めた流行りなんでしょうか。

福野　まあだれが見てもここは綺麗だから気持ちはよくわかる。

永田　篠原カメラマンに聞いたらあれってプロのカメラマンじゃなくてアマチュアなんだそうです。もちろんギャラ取って撮影してるんですが。

福野　そんなもんカネ取ったらその瞬間にプロですよ。

2013年5月に日本導入して以来、ジャガー・ランドローバー・ジャパン社はFタイプの販売に非常に力を注ぎ、本国ほぼ同様のフルラインナップを日本でも展開してきた。クーペとコンバーチブルの両車型、FRと4WDの両駆動方式、そして300PS／400Nmの怪力を誇る2ℓ直4ターボ・モジュラーエンジンAJ200型に340〜380PS／450〜460Nmの3ℓV6機械式送風機付AJ126型、さらに550〜575PS／680〜700Nmの5ℓV8機械式送風機付AJ133型の3種のエンジンを揃え、8速ATに加えて6速MT車も設定する。バリエーションは794万円から1952万円まで実に28車種、2座スポーツカーとしては過去に類例のないほど充実した陣容である。

今夜の試乗車はオープン／FR／直4＋8速ATの「Rダイナミック コンバーチブル(1026万円)」。車検証を見ると売る気満々でしっかり型式指定も取っている。車検証記載重量は1670kg(前軸880kg／後軸790kg)だ。

永田　デビュー以来ちょうど6年にもなりますが、このラインナップはすごいです。しかしどうしてまた今日はFタイプを。

福野　テーマはアルミ車体構造なのでなんでもよかったんですが、先日新型Z4に試乗したら印象があんまりぱっとしなかったんで、6年前に乗ったとき画期的に印象がよかったFタイプのオープンにもう一回乗ってみたくなった次第。

永田　Z4はスープラともども期待が高いんですが、Z4ぱっとしなかったですか。

福野　悪くはないけどなんか魅力がない。今回のテーマとは話がちょっと違いますがエンジンの責任が大きいですね。

永田　乗ったのは直6ですか？

福野　M40iです。ショートホイルベースに直6という組み合わせもいまひとつなんですが、そもそもあのB58型がね。どうにもならない。永田さんがこだわる「エンジン官能性」の観点だけで言ったら100点満点で15点。前のN55型とはまったくの別物。存在感あるのは下品な音だけ。ファンは「トヨタ車にBMWの直6が乗る」って期待してると思いますが、あんな砂つかむような直6ならモーターの方が100倍いい。

永田　トヨタが開発にからんだ途端にそうなっちゃったとしたら罪深いですねえ。

福野　いやいやトヨタはなにもやってないと思いますよ。パワートレーンも含めてスープラの開発そのものも全部BMWでやったから。トヨタはなにもやらせてもらえなかった。ただしそのビーエムもビーエムで開発から生産まで全部マグナシュタイアに投げた(笑)。なのでトヨタもBMWも社内では内外装スタイリングと最終のセッティング以外なにもやってないはずです。まあもっといえばB型エンジン、あれだってどこで設計したかわからないからね。コンサルタント丸投げの可能性も大いにある。ジャガーのこのインジニウムだって外部の開発でしょ。ただ日本の企業と違って欧米は終身雇用じゃないし企業間の人的交流・移動は非常に活発なんで、実際にはどこで設計しようが技術差はほとんどないって聞きます。日本国内での「開発丸投げ」とは意味合いがだからかなり違う。まあエンブレムや会社にこだわるブランド信者の方にとっては「ビーエムで設計してません」というだけで十分ショックでしょうけど。

永田　Z4／スープラ期待してたんだけどなあ。そうですか。というか福野さんはエンジンの官能性にはこだわらないはずだったのでは(笑)。

福野　やっぱ旧N55B30が素晴らしかったですからねえ。そりゃ私だって期待しますよ。期待が大きいから裏切られる感じも半端ない。

篠原カメラマン　撮影終了しましたー。お疲れ様でした。

永田　ではFタイプの試乗に行きますか。

試乗

撮影時にオープンにしたのでそのままスタートする。

福野　きょうはオープンとクローズで、乗り心地の周波数を比較測定してみます。例によってiPhoneのアプリ使って簡易的にやるだけですけどね。

いつも乗り心地チェックを行っている千

鳥ヶ淵のそばの英国大使館裏の麹町警察通りへと向かう。

永田　乗り心地いいですねえ。試乗車はオプションタイヤを履いてまして、ピレリPゼロのフロント255/35-20、リヤ295/30-20です。この超扁平タイヤでオープンカーでこの乗り心地はすごいです。

福野　空気圧は規定値通り。がつんと突き上げは入ってきますがそれで終了、ぶるるんとかどわわんとかいってわななかないし、ぶるぶるびりびりくる微振動もない。上下の振動の大半はダンパーでちゃんと減衰できてます。ボディに上がってきた振動もすぐ減衰しますねえ。毎回のように言ってますが前者はサスの取り付け部の局部剛性が高いので上下動がちゃんとダンパーのストロークに変わって減衰できてるからです。局部剛性が低いクルマだと入力のエネルギーがボディを変形することにも使われるから、ダンパーが有効にストロークできない。ボディがソリッドなことも含めてアルミ構造によるメリットが出てるでしょう。

永田　アルミボディは剛性が高い、と。

福野　いやそこがまあ難しいとこで。そもそも「ボディ剛性」と乗車時の「剛性感」というのはまったく別の概念なんですが、素材の物性だけでいえばアルミなんてまったくだめだめなんですよ。1990年に初代NSXがでたときは「アルミモノコックなんかゴミだ」とボロカスに書いた。その認識を変えたのが10年後に出たBMW Z8(E52型2000〜2003年)。

永田　ぜんぜん売れなかったクルマですよね。

福野　素晴らしかったですねえ。ボディの剛性感は最高だった。同じアルミでもNSXとZ8とでは構造がまったく違います。NSXはアルミをプレス成形した部材を溶接して組み立てたモノコック構造で、考え方としては鋼板プレス構造車体の材料置換。一方Z8はアメリカのアルコア社が20世紀末に自動車用に開発し世界中に売り込んだ、押出材と鋳造材を使う複合構造。当時日本のメーカー各社にも売り込みに来たらしいですが､なんせバカ高いんでどこも買わなかった。飛びついて買ったのがアストンとフェラーリ。BMWもZ8だけにはアルコア構造を買って使った。Z8はとてもよかったので「NSX式はだめだがアルコア式は場合によっちゃなかなか」と認識を改めたわけです。そして6年前Fタイプに乗ったら、Z8と大差ないくらいいいんでまた驚いた。

永田　でもFタイプはNSX方式ですよ。

福野　混成です。ジャガーも当時アルコアの売り込みを蹴飛ばして、自社でホンダ式のプレス成形材溶接／リベット締結構造を開発してX350のXJ(2003〜09年)に採用したんですが、FタイプのD6aプラットフォームでは衝突安全部位に押出材、サスのアッパーマウント部やAピラーの支持部などにアルミダイキャストを使うアルコア式を採用する一方で、センターモノコックはアルミプレス材を溶接／リベット／接着で組み立てる自社方式を継承、前後サスのロワアームもアルミ製ダイキャスト+アルミ押出材溶接で組んだサブフレームにマウントしてます。アルミプレス構造のセンターモノコックでこの出来栄え、ここでやっと「クルマは材料じゃない。設計だ」と気がついた。いまごろ気が付いたって遅いけど。

永田　アルミとか鉄とか材料で決まるんではなく結局それぞれのクルマの設計次第なんだということですか。

福野　当たり前の話ですが、ようするにそういうことです。同じアルコアでもゴミもあれば名車もある。フェラーリ360スパイダーはアルコア構造のゴミの代表。さらに言うならクルマを決めるのはバランスです。

永田　いつも思うんですがアルミにしてはこのクルマも1670kgもあって、少しも軽くないですよね。

福野　NSXが出たときから言ってたことですが、スチール車体の設計をそのままアルミ構造に置換してもボディは基本的には軽くなりません。アルミは軽いけど弾性係数が低いからです。この連載で「ボディ剛性とはボディが弾性変形するときのばね定数のことである」と定義しましたが、材料そのものにも、ばねのように力を加えると変形してから元の形に戻る弾性特性があります。そのばね定数を示す指標がヤング率＝縦弾性係数です。アルミの質量は確かに鋼の1/3なんですが、実はヤング率も1/3しかない。鉄の1/3の力で変形しちゃう。なので構造材をアルミに置換した場合、鋼板構造と同じ車体剛性にするためには部材を分厚く太くするなどして、強化しなければなりません。どれくらい強化しないといけないかというと3倍です。3倍強化するには材料を3倍使います。つまり軽量化の効果はちゃら。そういうことです。

永田　それならなぜみんなアルミなんか使うんですか？　鉄よりコストも高いですよね。それとFタイプが「押出材、ダイキャスト、プレス材を適材適所で使い分けている」ということとはなにか関係あるんですか？

福野　そこがむかし自分には理解できなかった。エンジニアに教えてもらったんですが、実は使う部位によって材料に対する要求というのは変わってくるんですね。非常に単純な例でいうと、部材を引張方向や圧縮方向の力に対して使うような場合、例えばストラットタワーバーや床下の強化ブレースなどですが、この場合はヤング率が鉄の1/3しかないアルミは断面積を3倍にしないと鉄と同じ剛性にはできません。しかし角断面の部材などを組み合わせて「梁構造(ラーメン構造)」を作る場合、材料の曲げ剛性が大きく全体剛性に影響してきます。**材料の曲げに対する抗力＝曲げにくさは「質量×距離の2乗」で表わすことができます。これを「断面2次モーメント」といいます**が、この式に出てくる「距離」とは部材の断面中心から部材両端までの厚みのことなんですね。

永田　材料が厚いと曲げにくいということですか。

福野　そうです。またこの式の「質量」は部材の断面積(幅×厚さ)に比例します。なので**断面2次モーメントは部材断面の幅×厚みの3乗に比例する**ことになります。ここでアタマを「軽量化はもうやめる。重量は同じでいい！」と切り替えたとします。重量が同じでいいなら、重量1/3のアルミを使えば厚みは3倍にできますよね。3の三乗は27ですから、厚みを3倍にできれば断面2次モーメントは27倍になる。ヤング率が鉄の3分の1しかなくたって断面2次モーメントが27倍になれば、曲げ剛性は鉄の9倍にできるわけです。

永田　なんかだまされているような話です

が、ようするに引張力や圧縮力には不利だけど、曲げでは有利ということですか？

福野　材料がそういう性質だということより、材料の性質を生かした設計をすればそういうメリットを引き出すことができるということですね。断面2次モーメントの理屈のメリットが端的に現れているのが面材です。ドア、フェンダー、ボンネット、テールゲートなど、ボディの面材に要求されるのはほとんど曲げ剛性ですから、形状そのままアルミに置換し、肉厚を例えば鋼板の1.44倍にしておけば、断面2次モーメント＝曲がりにくさは1.44の三乗、つまり3倍にできます。

永田　でも、アルミのヤング率は鉄の1/3なら、断面2次モーメントが3倍になっただけじゃ剛性的に向上しないじゃないですか。

福野　その通り。だけど重量は鉄の1/3だからね。肉厚を1.44倍にしたけど重量が1/3になるなら1.44かける1/3で0.48。剛性が同じなら重量は半分にできることになります。

永田　そうか。……なんかだまされてるような(笑)。

福野　ようするに「どういう力が加わる部位にどういう構造を使うか」で材料の利害得失も変わってくるということです。アルミもスチール同様に圧延材(板材)をプレス成形したり鋳造したりして様々に加工できますが、前回言ったように、内部に補強の「田」の字や「目」の字を入れながらアルミサッシのように一体成型していくアルミ独自の加工法＝押出成形を使うと「断面崩れ」という圧壊現象に対して強くなるので、剛性一定なら大径薄肉化して軽量化できる。この部材が技術の進歩と大量生産化でコストダウンしたことはアルミ構造にとって非常に大きい。アルコア構造のポイントはまさにこの材料です。ちなみに新幹線は200系以降で車体をアルミ化しましたが、あれを実現したのも押出成形材です。車両分の長さの押出材を横に連結していって丸い車体断面を作ってる。

永田　新幹線もアルコアと同じツボでしたか。

福野　材料自体については確かにスチールのほうがはるかに自由度が高いですが、溶融温度の低いアルミは成形性がいいという利点がある。成形自由度が高ければより構造の最適化がしやすくなります。ダイキャストもその一例ですよね。断面2次モーメントは非常に単純な計算方法ですが、応力が加わったときの部材には実際にはより複雑な力学が作用します。FEMモデルを作って解析すればそれを精密にシミュレーションできるわけですが、その情報を駆使しながら押出材、プレス材、鋳造／ダイキャスト材などを部位ごとに使い分け、条件に最適化すれば、アルミ構造の方がスチール構造よりも剛性を高くできる場合もある。つまりアルミ構造は「作り方次第」ということです。

永田　なんか料理の話みたいです。旬のお魚が新鮮なら寿司はうまいが、フレンチは腕次第と。

福野　そんなん言ったら寿司屋が怒るぞ(笑)。

麹町警察通りは東京都内屈指の悪路。マンションができるたびに掘り返されては埋め戻されて路面はぼこぼこ、鋭い突き上げ、大きな揺れ、細かい振動などいろいろな周波数の乗り心地が一度に堪能できる。乗り心地のいいクルマがここを走ってボロを出すのは日常茶飯事だ。

永田　ここを全面舗装改修されちゃったら福野さん怒りますね(笑)。

福野　反対運動に立ち上がる(笑)。

今夜使うのは横須賀市のアイム有限会社が開発した「加速度ロガー」というアプリ。サンプリングを最大の100Hzにセットすれば50Hzまでの振動が計測できる。

トップをクローズにして麹町通りの二七通り交差点→新宿通り交差点間950mを走る。制限速度は30km/h。計測を終えたらデータを自分のメアドに送信し、リセットしてスタート地点に戻り、今度はトップを開けて同じスピードで走って再度計測する。信号待ちなどがあるためこれを2回ずつ繰り返した。

永田　オープンとクローズでこんなに乗り心地や剛性感が違うとは思いませんでした。オープンにするとなにもかもはるかに快適ですね。

福野　オープンだと騒音が増すし風も巻き込んで体感する情報量が一気に増えるんで、クルマ自体からの振動や騒音などの情報が埋まって気にならなくなります。加えて音や振動などが車体に空いた巨大な開口部から発散しちゃうから、こもり音などが生じにくくなるということもある。このクルマの場合はオープンカーとしては車体の剛性が高いので、乗り心地そのものは大きく変化してませんが。

永田　そうですか？　オープンの方が乗り心地がぜんぜんいいように感じました。オープンであることと、アルミ構造であることはどういう関係でしょうか。

福野　屋根付きのクルマのルーフをだまって切り飛ばすとボディ剛性(ねじり)はおおむね半分になるといいます。そのためオープン化した場合はあちこち補強を入れるんですが、それでも数割くらいしかリカバリーできない。モノコック屋根切りオープンカーというのはボディ剛性にはまったく期待できない形式です。でもこのクルマは開発当初からオープン化を考慮してアルミ材を駆使した構造設計をしてるし、その場合の設計自由度もスチールよりアルミのほうが高いから、結果的に剛性感の高いしっかりしたこういうオープンカーができたということでしょう。ただし重量はスチール車体

と変わりません。軽量化はすててるから。ここがアルミ構造のポイントです。面材は剛性一定なら重量は半分にできるけど構造体は違う。そこまでの軽量化は到底できません。

アルミ車体構造のまとめ

❶ アルミの質量は鋼の1/3だが、剛性の指標であるばね定数(縦弾性係数＝ヤング率)も1/3しかないため、構造材をアルミに置換した場合は、部材を分厚く太くするなどして3倍に強化しなければ同じ剛性にはならない。つまりアルミ化で軽量化はできない。
❷ ただし角断面の部材などを組み合わせて「梁構造(ラーメン構造)」を作る場合、材料の「断面2次モーメント」という性質も全体剛性に影響してくる。断面2次モーメントとは曲げに対する抗力のことで、部材断面の幅×厚みの3乗に比例する。もし重量が鋼板と同じでいいならアルミを使うと厚みは3倍にできるから断面2次モーメントは27倍になる。断面2次モーメントが27倍になればたとえヤング率が鉄の3分の1でも曲げ剛性は鉄の9倍だ。
❸ 曲げ剛性が支配的なドア、フェンダー、ボンネット、テールゲートなどのボディ面材にも②の理屈を有効活用できる。アルミに材料置換し肉厚を鋼板の1.44倍にしたとすると、断面2次モーメントは1.44の三乗＝2.99倍になる。肉厚を1.44倍にしても重量は1/3になるから1.44×1/3で0.48、つまり剛性は同じで重量を半分にできる。これが各車がこぞって外板面材をアルミ化する理由。
❹「押出成形」はアルミ独自の加工法で、角断面の部材内部に内部に「田」の字や「目」の字に仕切板を同時成形できる。こうすると剛性一定なら大径薄肉化して軽量化できる。この部材が90年代後半にフェラーリやアストンなどが導入したいわゆる「アルコア構造」のポイント。
❺ Fタイプの場合は衝突安全部位に押出成形材、サスのアッパーマウント部やAピラーの支持部などにアルミダイキャスト、センターモノコックにアルミプレス材を溶接／リベット／接着で組み立てたアルミモノコック構造を採用、アルミを適材適所に使い分け高いボディ剛性を実現している。
❻ ただし上記の理屈通り、重量は鋼板モノコックボディ車に対しほとんど軽くなっていない。

首都高での試乗

2人は首都高速に乗って2号線へ。夜9時を回ると上下線とも交通の流れはかなり速い。お客さんを送って銀座方面に戻る個人タクシーが100㎞/h以上の猛スピードでぶっ飛ばしていて、非常に危ない。

永田　まずクローズドにして走ってます。トップを閉じると60㎞/h以上で走っていても車内は快適です。騒音も低いし風切り音もよく抑えられています。ただしロードノイズはちょっと車内にこもっている感じで、乗り心地も硬いです。

福野　8HP（ZF製8速AT）は以前のBMWと同じような制御です。ノーマルモードでも変速速度がすごく速く、掛け替え時の切れ味が小気味いい。新型Z4はノーマルモードでは変速時間を落としてショックレス変速にしたから、日本車のATみたいにずるず

るになっちゃった。スポーツモードにすれば元どおりの瞬間変速になるんだけど、ついでに制御プログラムもスポーツモードになって、ドライバーの意思を以心伝心でくんで変速してくれる「神AT」が大きく後退しちゃう。結局どのモードにしても満足できない。Fタイプはその点、超気持ちいいです。これだけでFタイプに軍配をあげる。

永田　いつも「いまのクルマのドライバビリティはATで決まる」と福野さんは言ってますもんね。

福野　いいATはエンジンの百難かくす。好例が320dですよ。ディーゼルエンジンなのに神ATのおかげで踏めば常にレスポンスよくパワフルで切れ味よく気持ちよく走る。あれはもうATの手柄が7割5分といってもいい。

永田　Fタイプのハンドリングどうですか。

福野　操縦性の印象は操舵感覚次第で大きく変わりますが、一般路では油圧パワステ時代みたいにしっとり重くてなめらかで「さすがイギリス車」って思ったけど、高速だとちょっと操舵応答感が鋭すぎる感じです。

永田　たしかにA110ほどではないにしても、切った瞬間にちょっと「ぐら」「よろ」ってきますね。

福野　ノーズが操舵にやや過敏に反応してロールスピードも早いし、リヤの踏ん張り感がやや物足りないから操舵の反力も軽い。サスの設計／セッティング云々以前に、まずタイヤのCP（コーナリングパワー＝舵角に対する横力の立ち上がり方の指標）もちょっと高すぎますね。

永田　「屋根を切るとクルマのボディ剛性は半分になる」と言ってましたよね。このクルマのボディ剛性感はオープンカーとしてはかなり高いと思いますが、それでもクローズドボディ車よりは落ちるわけで、それと操縦性はなにか関係ありますか？

福野　「あります」と言いたいとこですが断定できません。そもそもボディ剛性と剛性感というのは別のことだし、人間はボディ剛性そのものは体感できないですからね。経験論的に言うとパワーがあってサスが硬くハイグリップタイヤをつけたオープンカーは、同じクルマのクーペボディ車と比べると、操縦性のリニアリティが落ちる傾向は確かにあるとは思います。

永田　「リニアリティが落ちる」を解説してください。

福野　1の操作をしたら2の反応が返ってきて、2の動作をしたら4の反応が返ってきたとします。すると誰だって3の操作をすれば

6の反応が返ってくると期待し予想し備えますよね。そこへ10の反応がいきなり返ってきたら驚くんではないでしょうか。これを「リニアリティがない」といいます。「運転操作に対するクルマの挙動の反応が非線形的だ」ということです。リニアリティがないオープンカーの大魔王がさきほどゴミ呼ばわりした20年前の360スパイダーです。すごくパワーがあるのにステアリングを切るたびに挙動が違う。3の操作をしても路面のμや勾配などによって10返ってくるときもあれば3しか反応しないこともある。切ってみるまでどうなるかまったく読めない。運転のしようがない。本当にあれは恐ろしいクルマでした。同じエンジン、同じアシ、同じタイヤでクローズドボディの360モデナのハンドリングはどうだったかというと、確かに神経質なところはあるけど、あそこまでデタラメじゃなかった。ちゃんとスポーツできた。ということはリニアリティがないのは屋根を切っ飛ばしてボディ剛性が半分になっちまったせいじゃないかと類推するのが自然ですよね。

永田　スパイダーにするときにボディを補強してなかったんですか。

福野　「補強してもねじり剛性はほとんど上がらない」と設計者は言ってます。接地点に近いフロアを補強すると横曲げ剛性はなんとか復帰するそうですが。

永田　「ねじり剛性はおもに乗り心地に効く」「操縦性に効くのはおもに横曲げ剛性」でしたよね。じゃあ補強すれば操縦性は確保できるわけですね。

福野　でもねじりと曲げは連成してますからね。ねじり剛性が落ちれば横曲げだって落ちます。

永田　その逆はないんですか？　クーペとして設計したクルマの屋根を切ってオープンにするとボディ剛性は半分になる。じゃあオープンカーとして十分な剛性がでるように設計したクルマに屋根を張ってクーペにしたら、ボディ剛性は倍になりませんか。

福野　なります。Z4とスープラがまさにその関係でしょう。Z4はオープンカーとして十分な剛性を発揮できるように最初から設計したはずですが、それに屋根をつけたスープラのねじり剛性はCFRPモノコックのレクサスLFAと同じくらいになった。

永田　それは素晴らしいですね。

福野　いえ重いだけです。そこまでねじり剛性あげるより、その分の質量を局部剛性やフロア剛性、サスの剛性アップなどに使った方がいいクルマになる。ボディ剛性は高ければ高いほどいいけど、重くなるんじゃ意味がない。比剛性が高くないと。

永田　そうでしたね。

同じコースを今度はオープンにして走る。

永田　うわ〜、これは気持ちいいです。クルマの印象がまったく違います。一般路でもそうでしたが、高速道路だとさらにクローズドとの差が大きいです。こもり音がなくなったのは当然としても、乗り心地までまったく変わりました。まるで別のクルマになったみたいです。最高。

福野　そうなんだよね。これがオープンカーの不思議です。ハンドリングまでよくなったように感じる。切った瞬間の過敏な反応がさっきよか薄らいで、操舵応答感がマイルドになった。

永田　トップを開けると低いボディ剛性が

なおさら落ちるから操縦性だって悪化するはずですけど、実際はまったく逆ですね。

福野　えーと、ボディ剛性に関してはトップの開閉でほとんど変わらないというのが真相です。SLKみたいなスチールトップの場合でも開閉状態でほとんどボディ剛性に差はないらしい。まあ考えてみればドアだってトランクリッドだってほとんどボディ剛性には寄与してませんからね。固定式ハードトップなら若干は影響あるかもですが。

永田　うーん。じゃあなぜこんなにも剛性感の印象が違うんでしょうか。

福野　長年考えてきましたが、まあ大きいのは音と風でしょう。巻き込む風、排気音や外部騒音など人間が感じる情報量がオープンに開け放つといっきに何十倍にもなる。爽快感と引き換えにクルマそのものの印象がかき消されるわけです。操縦性がどうのこうの乗り心地がどうのこうの、それら全部ふっとんで「気持ちいい〜」ってなる。

永田　(笑)まあそれはもちろんそうなんですが。

福野　結局それがほとんどすべてじゃないのかな。ステアリング感覚のこの違いだって、オープンにすればおのずと速度そのものが低くなるし、同じ速度同じコーナーでハンドルを切ったとしても、音と風のせいでより慎重に操作した結果として、単にマイルドに感じているだけかもしれない。人間の感覚なんてそんなもんですからね。機械的理由より感情的理由の影響の方が大きい。

永田　オープンにすると10倍気持ちよくて5倍いいクルマに感じることは確かです。

乗り心地解析

試乗から1週間後。

福野　これが先日測定した乗り心地のデータを解析してもらったグラフです(図1)。

永田　うひゃー、なんだこりゃ。

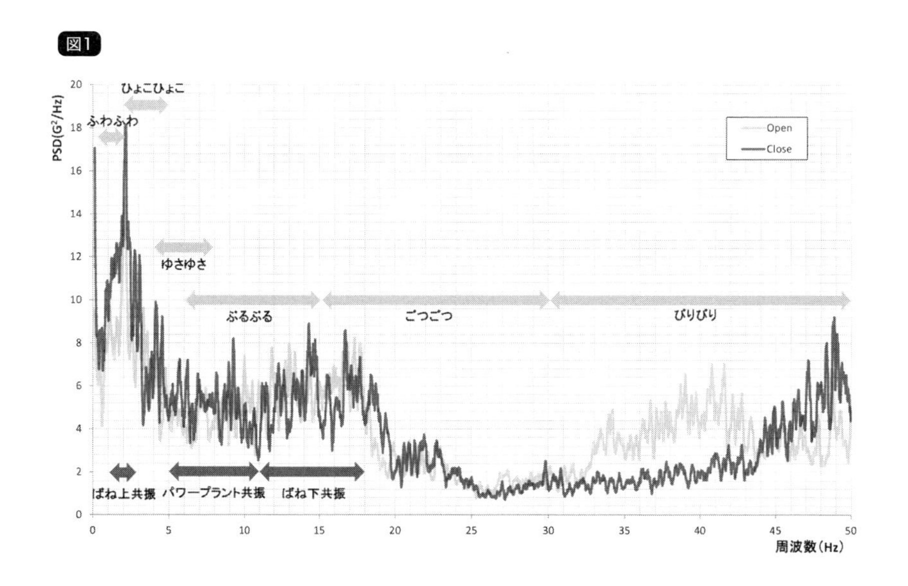

福野　iPhoneにはXYZ軸の加速度センサー、XYZ各軸周りのモーメントセンサーがついてますが、iPhoneを横に寝かせて測定したんでY軸(上下)の加速度だけを取り出して、高速フーリエ変換してもらいました。縦軸の単位はパワースペクトル密度(PSD)ですが、これは「Gの発生頻度」と考えていいです。計測時間は160秒くらいですが、このグラフはその間に「どの振動数」が「どれくらいの頻度」で生じたかを表しています。振動の周波数とはもちろん1秒間あたりの振動の回数のことで、クルマの上下の振動が1秒間に3回とか5回とかなら「ふわふわ」「ひょこひょこ」と感じるし、10Hz(毎秒10回)くらいになると「ぶるぶる」してる感じ、30Hz以上なら「びりびり」する。この計測法はトヨタ自動車のエンジニアに教えてもらったものなので「ぶるぶる」とか「びりびり」というこの擬音(オノマトペ)もトヨタ方式ですが。

永田　灰色がオープン時、濃い線がクローズ時ですか。「ふわふわ」「ひょこひょこ」するような振動の発生頻度はクローズ状態の方が多く、「びりびり」するような振動の頻度はオープン状態の方が多かったということですね。うーん、なんかぜんぜん体感とはちがうなあ(笑)。むしろオープン状態は「びりびり」感がなく「ふわふわ」してたような気がします。解析とまったく正反対です。

福野　私もそう思います。測定の精度や測定区間の選択などによって結果は多少変わってくるとは思いますが、まあこの結果を大つかみにいうなら「オープンでもクローズドでも乗り心地は基本的には大差なく、差は測定誤差内」だろうということです。

永田　オープンのほうが乗り心地はずっとよかったように感じましたが、測定結果はそれを反映してないということですね。

福野　iPhoneのセンサーの測定能力は最大毎秒100回(＝100Hz)なので、フーリエ変換ではその半分の50Hzまでしか解析できません。まあ50Hzまであれば乗り心地の解析には十分ですが、測定して見た結果では差はでなかった。とするとオープンとクローズの乗り心地の体感差を与えているのはもっと高い周波数の違いかも、という予想もできます。たとえばこもり音は100Hz付近ですが、クローズ状態では気柱共鳴の共振が生じて音が車内にこもるけど、オープンにすればキャビンは大気開放されるから共振のピークは生じない。

永田　じゃあ乗り心地の違いというよりも、これまた音の違いによる体感差だということですか。

福野　そういう可能性もあります。オープンカーは確かに同じ条件のクローズトカーに比べるとボディ剛性は半分ですが、オープンカーに乗ってトップを開けたり閉めたりしたときに感じるボディの剛性感や操縦性や乗り心地の違いというのは、実際のボディ剛性の差や上下振動の差よりもむしろ、音、風、空気、気分などの感覚的な要素が与える影響が大きいのかもしれないということですね。360モデナとスパイダーの場合は、クーペのボディ剛性に対してスパイダーのボディ剛性が極端に低いのに、パワーがあってサスが硬く、タイヤのグリップレベルが高いので、操縦性リニアリティの差があれほどはっきり出たんだと思います。ジャガーFタイプは以前オープンとクローズの2車借りてきて同じ日に乗り比べて見たことがありますが、顕著なハンドリング感の差はありませんでした。クーペ↔オープン(クローズド状態)の差は、オープン車のオープン状態↔クローズド状態の差より少なかったくらいです。

永田　なるほど。そうですか。

福野　オープンカーに真面目に乗りながら真面目に考えてみてわかることは、クルマの印象というのは騒音や風や振動などで大きく変わるということです。我々はクルマのドライバビリティや乗り心地、乗り味の違いの理由や原因をボディの材質や設計、ボディ剛性、サスの形式やサスセッティング、ダンパーとブッシュのチューニング、タイヤの選定などに求めてしまいますが、人間の感情や気分の差がもたらす影響というのは、場合によってはそれを上回るくらい大きいということでしょう。機械工学的には事実でなくても、大脳生理学的にはなんでもありうると。

永田　私情をすてて真面目に真剣にインプレしてもこうなんですから、ブランド車に乗ってそれを買った自分に陶酔しながら走れば、ひょっとしてクルマは全部名車ということかもしれませんね。

福野　その通りですね。ブランド・プラシーボ、高価格プラシーボ、ハイテク・プラシーボ、チューニング・プラシーボ、お札プラシーボにアルミ箔プラシーボ、トレッド／ホイルベース比プラシーボ、大先生名言プラシーボ……人間の感覚なんてなんでもありだと思いますよ。

SPECIFICATIONS

ジャガーFタイプ Rダイナミックコンバーチブル

■ボディサイズ：全長4470×全幅1925×全高1310㎜　ホイールベース：2620㎜　■車両重量：1660㎏　■エンジン：直列4気筒DCHCターボ　総排気量：1995cc　最高出力：221kW（300PS）／5000rpm　最大トルク：400Nm（40.8kgm）／1500～2000rpm　■トランスミッション：8速AT　■駆動方式：RWD　■サスペンション形式：Ⓕ&Ⓡダブルウイッシュボーン　■ブレーキ：Ⓕ&Ⓡベンチレーテッドディスク　■タイヤサイズ：Ⓕ255/35R20 Ⓡ295/30R20　■パフォーマンス　最高速度：250㎞/h　0→100㎞/h加速：5.7秒　■価格：1125万円

06

車重1t
天才ゴードン・マレーの
T50を1枚のイラストから分析
大型ファンの秘密とは何か
プラス福野礼一郎スーパーカー論

GMA T50の予想

注：本文は2019年7月13日に執筆した前編と同8月14日に書いた後編を合体し編集してありますが、分析の内容については雑誌掲載時のままです。T50についてはすでに詳細が発表になっています。

大黒PA

二人はGENROQ長期テスト車のホンダNSXに乗って湾岸線・大黒PAにきている。

夜7時を回ってあたりが暗くなってくると、それらしきチューンドカーに乗ったファンたちが広大なパーキングに次々に集まってきた。ここは走り屋とそれを見にくるカーマニアのメッカ。NSXはそんな彼らに異様な注目を浴びている。

福野　見て見ぬ振りの完無視かと思ったらまったく逆ですね。クルマに乗っててこんなに注目されたのなんて、360スパイダーに乗ってたとき以来です。

永田　そうなんですよ、人気あるんですNSX。我々雑誌(「GENROQ」)の試乗でフェラーリやランボルギーニやマクラーレンを借りて乗ってても、外国人の観光客に遠巻きに写真を撮られるくらいで声かけられるなんてまずないですけど、NSXに乗ってると結構みなさん気さくに声をかけてくださいます。もちろん本誌の長期テスト車だと気がついてという場合もないではないですが、大抵はご存知なくて普通にお声をかけてくださる。

福野　GT-Rは？

永田　昔ほどではないですが、やっぱ外国車よりは圧倒的に距離感が近いというか、声かけられることが多いですね。日本のスーパーカーということで親近感があるんでしょう。

福野　GT-Rがゴジラならこちらガンダムか。

永田　LFAは乗ったことないんでわからないですがLFAはどうでしたか？

福野　湾岸線でオレンジ色のニュルパッケージに乗ってたら、動画撮影のクルマに10分くらいぴたーっと追尾されたことがありました。

永田　それはそれでちょっと怖いですね。

福野　「オレのじゃないです試乗中すまん」って看板出したかった(笑)。

マレーT50を推察する Ⓐ

永田　ゴードン・マレーが1tを切るスーパーカー「T50」のコンセプトを発表してスーパーカー界は話題騒然です(※1)。GENROQでもマレーのインタビュー記事を掲載していますが、まさにこの連載のスーパーセブンの回から力説してきた「軽量性こそ最高の性能」という福野さんの論に合致したコンセプトで、タイムリーだと思いました。まさかゴードン・マレーが1tのスポーツカー造ってたこと知ってたとか。

福野　いやぜんぜん知りませんでした。この連載がある程度進んだら、自動車メーカーのエンジニアにお願いして「夢のスーパーカー」を机上でシミュレーションしてみようと思ってました。そのときにエンジニアに対して提案しようと思っていた「目標数値」が「車重1t以下」「重心高370㎜以下」「ヨー慣性モーメント1500kg㎡以下」でした。

永田　車重はわかりますが「重心高」と「ヨー慣性モーメント」はどういうところからきた値ですか？

福野　単純にいまのスポーツカー／スーパーカーの実測値の下限数値よりもさらにぐっと下げた目標値ということです。実現可能か不可能かぎりぎりの数字ということで。

(※1)本稿執筆時点では車名は「T50」と公開されていましたので、本稿ではそのままにしています。

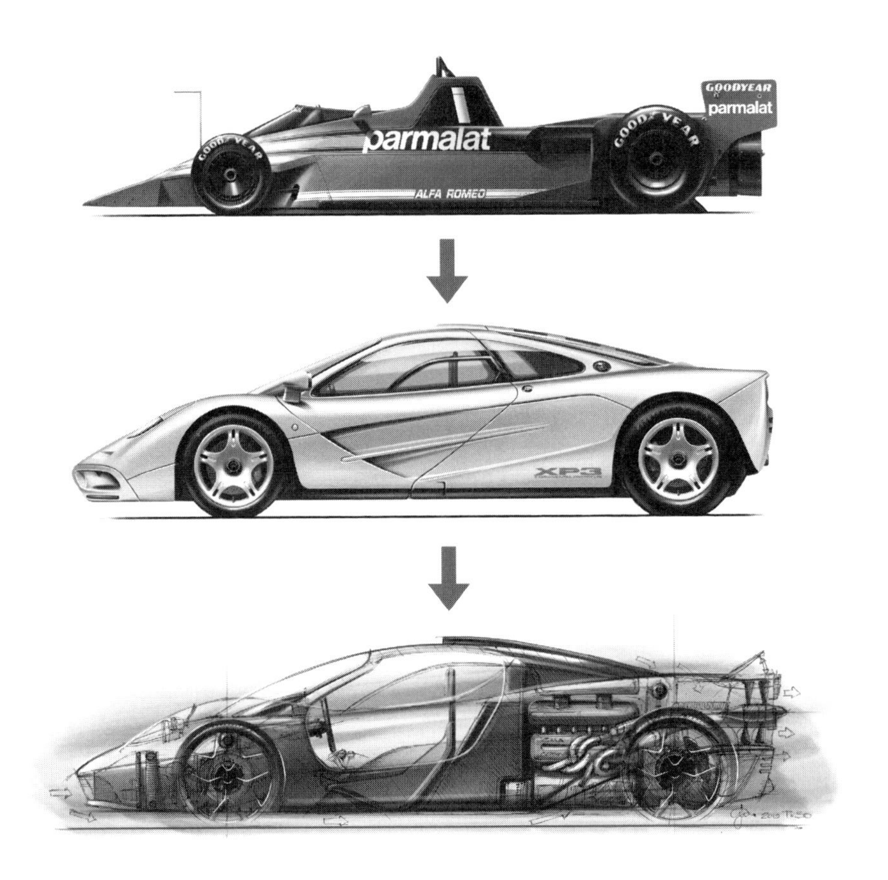

永田　確かに「1t」も実現可能か不可能か、ぎりぎりですよね。実現可能でしょうか。

福野　もちろんマレーのことですから、具体的な目算があるからこそ「980kg」なんて数字を掲げたんでしょうけど。

永田　現時点では車重980kg、3.9ℓ・V12でトルク450NmのNAエンジンを1万2100rpm回して65PS、全長4380㎜で全幅1850㎜と、数値的データはそれくらいしか公開されてなくて、ホイールベースもわかりません。

福野　全長4380㎜ならホイールベースは約2750㎜です。

永田　それは発表されたあの1枚のイラストからの比率計算ですか。

福野　そうです。BT46Bとマクラーレン F1と3台並んだ絵があるでしょ。BT46Bのホイールベースは2590㎜、マクラーレンF1は2718㎜ですから、もしT50のホイールベースが2750㎜なら、あの図は見事に3台ぴたり同じ縮尺になってます。なのでほぼ間違いない。

永田　なるほど。またてっきり適当に並べたのかと……。BT46Bって結構でかいんで

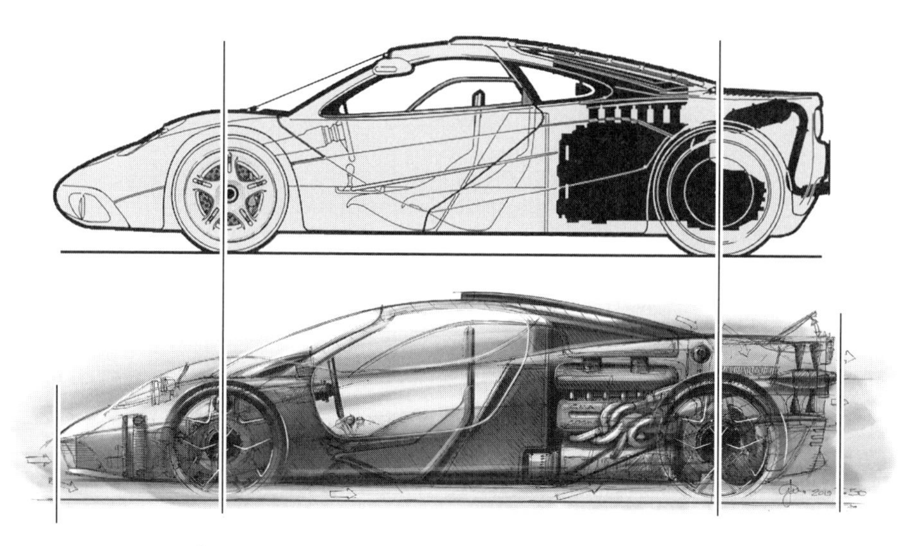

マクラーレンF1とT.50を公称値をもとに同じ縮尺で並べたもの。後軸中心で合わせるとエンジン、モノコック、シートとステアリング位置などはほぼぴたり同じであることがわかる。マクラーレンF1の発展型としてT50のパッケージを構築していることはこの構想図からも明らかだ。予想ホイルベース2750㎜(マクラーレンF1+32㎜)。

すねえ。

福野　グランドエフェクトを使うようになって以降のF1はデカいですよ。

永田　とはいえあのイラスト1枚見たって何もわからないですよね。

福野　そんなことない。マレーのサインが入ってるから、あれは彼が自分で描いた絵です。エンジニアの絵というのは絵描きのポンチ絵と違って構造的にちゃんと描いてあることが多い。というのかもうちゃんとにしか描けないというのか。「ここはこうでここはこうなってて」と考えながら、図面を描いていくような感じで描いていきますから、ほとんどの場合、何気ない1本の線にもちゃんと意味がある。BT46BとマクラーレンF1との比率がきっちり合わせてあるのも、これが広告屋が作ったようないい加減なプロモーションじゃない証拠です。私はこのイラストは、マレーが世界のスポーツカーファンに「じゃあさ、ここまで教えてあげるよ。だからあれこれ推測してみてよ」と問いかけているんじゃないかと思いますね。例えばえー、たとえばこの前後サスの上部のところになにやら丸い物体が描いてあるでしょ(92ページの図の①／番号はすべて福野が書き込んだもの))。なんだと思います？

永田　なんだろ。うーん。エアサスのアキュムレーターとかですかね。

福野　これ、**ダンパーとコイルスプリングを真上から見たところ**じゃないですか？ダンパー上部を真上から見てるから、背後にちょっと赤いコイルスプリングが見えてる。よく見るとダンパーを固定する軸、ストロークさせるプッシュロッドもささっと線で描いてあります。

永田　うわ〜ホントだ。言われてみるとちゃんとコイル+ダンパーユニットですね。ということはレーシングカー式の前後横置きダンパーかあ。

福野　ね。しっかりちゃんと描いてある。だからこの絵は真面目に分析する価値がありますよ。

マレーT50を推察する Ⓑ

永田　ほかに何がわかりますか。誰が見ても分かるほど巨大なファンがリヤについてますが(笑)。

福野　試しにマクラーレンF1の縦断面パッケージ図を探してきてその上にこのイラストを重ね、ホイールベースの比が2718㎜対2750㎜になるよう縮尺を調整して後輪車軸中心で並べてみると、エンジンの位置、モノコック後端位置、モノコックバスタブ形状、センターシート位置、ステアリング位置がほぼぴたり重なりました。つまり**このイラストはほぼ間違いなくマクラーレンF1の縦断面パッケージ図の上に薄紙を重ねてトレースしながら描いた絵**だということです。マクラーレンF1の設計のときもマーレイはまさにそうやってこういうスケッチをたくさん描いてました。前輪をマクラーレンF1より30㎜ほど前に出したのは衝突安全を考慮して前車軸中心より少し前に出ていたブレーキペダルを前車軸に一致させたかったからでしょう。

永田　インタビューの中で「T50は現代版マクラーレンF1」と言ってますが、文字通りそうなんですね。

福野　CFRPバスタブのフロントにサスを直付けし、その前方に衝突衝撃吸収機能を備えたCFRPの部材を固定してある設計もマクラーレンF1とそっくりです。

永田　じゃあモノコックも流用ということでしょうか。

福野　ここから読み取れるのは**基本パッケージとしてマクラーレンF1の延長線上にある**ということだけです。センターポジション3人乗り、燃料タンクはドライバー後部バスタブ内、バスタブ後部にパワートレーンをダイレクトマウントするパワートレーンフレーム式でトランスアクスル横置き、その基本レイアウトですね。もちろん現実問題としてモノコック流用はあり得ない。新しく設計したほうがはるかに優れたものがより軽くできる。

永田　よく見るとトランスアクスルが異常に短くて、確かに変速機が横置きのように描いてあります(図の②)。問題のこのファンなんですが、ペラが二重になっててダクトの中に入ってますね。駆動はモーターでしょうか。

福野　モーターですね。エンジン前方、クランク同軸になにか大きなデバイスが描き込んでありますが(図の③)、**これがジェネレーターでしょう。回生充電した電気を蓄電してファンモーターを回す**んだと思いますが、バッテリーがどこにも見当たらないし発電機単体にしてはデカいんでキャパシタ一体式ではないかと思います。

永田　マツダのi-ELOOPみたいな仕掛けですね。その後部に何やら並んでますけど(④)補機ですか。

福野　レーシングカー方式です。いまのマクラーレンのV8もエンジンブロック左右に

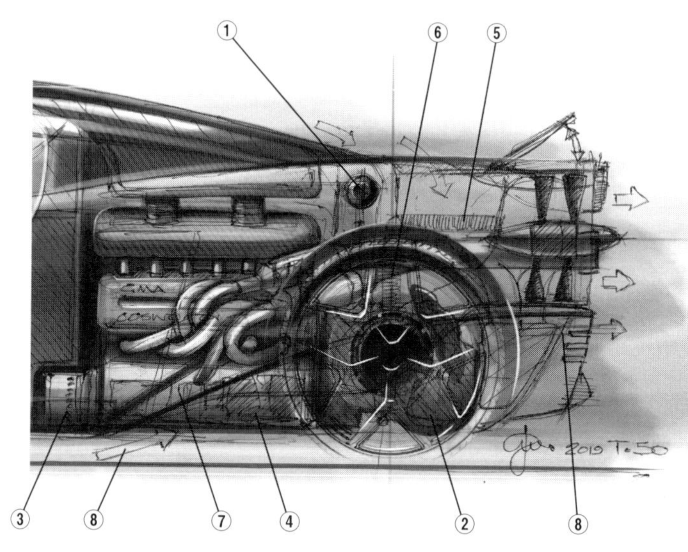

福野礼一郎の予想。①横倒しダンパー／コイルユニット ②横置きトランスアクスル ③クランク駆動の回生充電ジェネ＋キャパシタ ④クランク同軸駆動の補機 ⑤エアクリーナかスリット（エンジンルーム入口用） ⑥エアクリーナーかスリット（エンジン＋床下エア吹き出し用） ⑦境界層制御用エアダクト ⑧床下デフューザーのエアフロー

オイルポンプとウオポンを置いてチェーン駆動、オイルポン後部にオルタネーター、ウオポン後部にACコンプレッサーを直列に置いてそれぞれラバー製カップリンクで連結して駆動してます。ACコンプレッサーは本車の場合電動かもですが。

永田　このファンを回して果たしてどれくらいトラクションが上がるもんでしょうか。それこそBT46Bみたいに天井に吸い付いて逆さに走れるとか。

福野　最初にファンでグランドエフェクトやったジム・ホールのシャパラル2JもBT46Bも、床下にスカートがついてました。スカートで気密にしないといくらファンで吸ったって強力なサクション効果は出ません。でもこの図にはどこにもスカートなんて描いてない。

永田　いやそこはやっぱ秘密にして伏せたとか。

福野　でも**公道でファンカーなんてありえないですよねえ**。たとえスカートつけたって路面に凹凸があるから気密を保てないし、コーナリング中にうねりをパスしてダウンフォースが急変したら非常に危ない。

永田　じゃあスタートのときだけスカートを可動して出してトラクションを上げるとか。

福野　それはあり得る。でも可動式は重い。それに可動式ウイングまでちゃんと描いてあるのにスカートの可動機構は取り付けスペースからして影も形もない。羊羹センセと一緒に図をみてて気が付いたのは、上方からのエアの流れの矢印です。エンジンルームの上方からエアが入って、その下になんか水平のラジエーターみたいなもの（⑤）があるし、ここは明らかにダクト状に描いてあります。さらによく見るとその下にもう一枚縦に同じようなものが描いてある（⑥）。

永田　本当ですね。気がつきませんでした。

福野　BT46はリヤに水平にラジエーターが

ついてて、ファンで吸引したエアを通しましたが、T50場合はフロントにラジエーターとACコンデンサーが描いてあるので、こっちはエアスリットかエアクリーナーみたいなものかもしれない。いずれにしろBT46B同様、リヤのファンでエアをエンジンルームに吸引し、空冷してからリヤから吸い出すんでしょう。一種の強制空冷ですね。⑤は外部から異物を吸い込むのをふせぐスリット、⑥は吹き出し前に異物をろ過するクリーナーのようなものでしょう。シャパラル2Jがレース出場禁止になった理由は「吸い込んだ石やゴミを後方に撒き散らすのが危険」でしたから。

永田 たしかに走行中にファンから石とかが後方に飛んだらえらいことですよね。

福野 実はBT46Bの設計のときゴードン・マレーは「このファンの第一機能はエンジンの冷却であって、グランドエフェクト効果は副次的だから空力デバイスではない」と主張してレギュレーションをくぐり抜け、まんまとデビュー戦で優勝をかっさらったという「前科」があるんですよ。だからひょっとすると今回も同じかもしれない。

永田 「グランドエフェクトは副次的」ということですか。

福野 そうです。エンジンの下部に強調したような太い線で(⑦)ダクトみたいなものが描いてあるでしょう。よく見るとこれがそのままリヤのファンのダクトに繋がってる。で床下のエアはその下段のディフューザー(⑧)に流れ混んでファンの下から排出されてます。つまり**ダウンフォース自体はこの大きなディフューザーで出してる**んですよ。⑦の位置からしてファンが吸っているのは境界層でしょう。**このファンの2次的目的は境界層制御です**よ。

永田 境界層制御。

福野 物体近傍の流体は粘性で物体に引き寄せられて速度低下するという性質があります。その領域が境界層です。なのでジェット戦闘機のエアインテークはエアフレームから少し浮かして設置してある。航空機の翼の場合、空気の流れが大きく乱れて境界層が翼から離れたところに生じると、圧力が低下し失速の要因になる。STOL(短距離離発着機)などではエンジンで作った圧縮空気などを翼面に吹き出して層流を作り、境界層の剥離をふせぐという高揚力装置を使ってます。PS-1／US-1、US-2、STOL実験機の飛鳥などもそれです。T50の場合は逆にスリットから境界層をファンで吸い込んじゃうことで、床下の空気流を整流しディフューザーに入る空気の流速を高め、それによってグランドエフェクト効果を上げるという設計ではないかと思います。この方式なら可動式スカートもいらないし地面の凹凸に対するダウンフォースの変化も小さくできる。

永田 境界層制御ですかあ。じゃ発進加速には関係ない。

福野 関係ないですね。**あくまでコーナリング中の荷重アップが目的**でしょう。

永田 モーター駆動ならいつどれくらい回すかの制御は自在ですから、渋滞とかしてエンジンルームの温度が上がったときは強制空冷ファンとして回し、コーナリングで高Gがかかったときは境界層制御目的も兼ねて回転を上げるとか、いろいろできますね。

福野 現実にはエンジンルームの空冷ファ

ンとしての機能が大きいでしょうが、リヤの巨大なファンはスーパーカーとしての存在感としてアトラクティブですよね。このあたりの「機能的意味」と「演芸的要素」とのバランス感がゴードン・マレー設計のロードカー設計の特徴でしょう。ロケットもそうでした。

マレーT50を推察する ©

永田　フロント周りはどうでしょ。

福野　フロントの図の⑨は最初に言ったCFRP製の衝突時衝撃吸収構造でしょう。UDプリプレグを重ね垂直に縫製することで層間剥離を防ぎエネルギー吸収性をあげるというCFRP構造も出てきているので、より簡易で軽量な構造で衝突安全性を確保(=規制値をクリヤ)できるはずです。**運動エネルギーは質量かける速度の二乗ですから、車重が軽ければ同じ速度でぶつかっても吸収しなくてはいけないエネルギーは小さくてすむ**。

永田　はい。

福野　⑩はラジエーターとエアコンのコンデンサー。つまりエアコンは絶対つけるぞということですね。⑪がペダル、そこからシャフトが前方に出ていてバスタブの外にマスターバック(⑫)が描いてあります。

永田　その右斜め上の丸(⑬)はなんでしょう。

福野　ステアリングのインタミシャフトの延長にあってホイールの内側ですから間違いなくステアリングラック。パワステはわからないけどラックには描いてない。コラムEPSに見えないこともない。

永田　ちゃんと描いてありますねえ。

福野　あとシフトレバー(⑭)があって前方に横倒しになにかあります。たぶんシフトバイワイヤのメカでしょう。

永田　変速機はDCTかシングルクラッチ式か。

福野　軽量化、「ライトウエイトクラッチ」

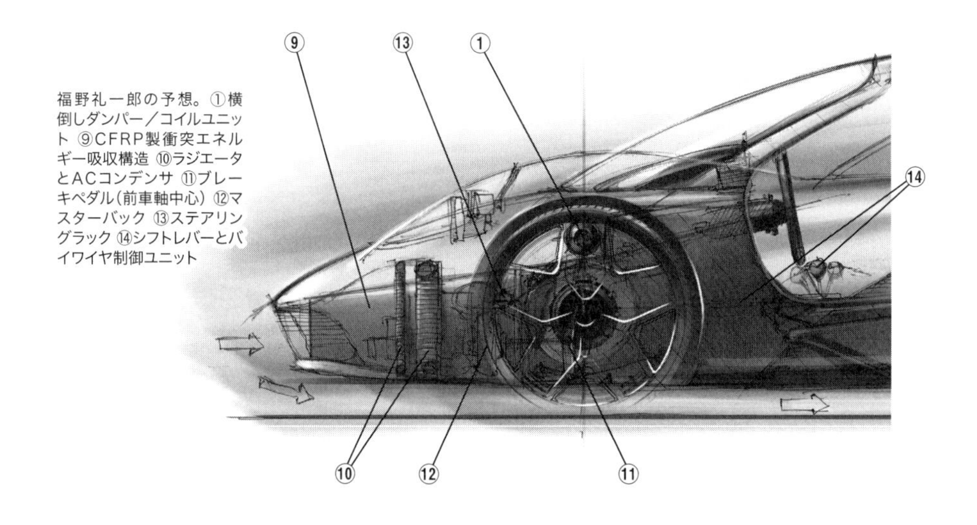

福野礼一郎の予想。①横倒しダンパー／コイルユニット ⑨CFRP製衝突エネルギー吸収構造 ⑩ラジエータとACコンデンサ ⑪ブレーキペダル(前車軸中心) ⑫マスターバック ⑬ステアリングラック ⑭シフトレバーとバイワイヤ制御ユニット

などという記述からしてDCTはないね。自動変速機能付きシングルクラッチ電制MTでしょう。バイワイヤ＋クラッチレスでマニュアルシフトもできるという。

永田　外装はデザイナーがデザインするんでしょうか。

福野　私はデザイナーなんか使わずゴードン・マレーに自分でデザインしてほしいけどね。BT42〜55だってMP4/4だって彼が自分で外観もデザインしたんだから。表面冷却のBT46、ファンカーのBT46B、横倒しエンジンのBT55、みんないいかっこしてるじゃないですか。デザイナーなんかいらんですよ。そもそも航空機、艦船、軍用車両、銃と兵器、高層建築、橋梁、ダム、ランドスケープ・アーキテクチャー、都市設計その他、**この世の素晴らしいもの・かっこいい人工構造物の9割5分はエンジニアが機能でデザインしたものです。デザイナーがお絵かきしたもんじゃない**。ミニだってビートルだってチンクエチェントだってスーパーセブンだってオリジナルはエンジニアがデザインした。マレーくらいの人ならかっこいい本物のスーパーカーのスタイリングだって造れますよ。

分析のまとめ

①BT46Bのホイールベース＝2590㎜、マクラーレンF1のホイールベース＝2718㎜として3台並べの比率から推定すると、T50のホイールベースは2750㎜前後。

②「ホイールベース2750㎜」と仮定してマクラーレンF1の縦断面図と縮尺を合わせ後車軸中心で重ね合わせてみると、エンジン搭載位置、バスタブ構造モノコック後端位置、モノコックバスタブ形状概要、センターシート位置、ステアリング位置など車両の基本パッケージと基本構造がほぼぴたり重なる。インタビューでマーレイが語っていた「マクラーレンF1の現代版になるだろう」というのは単なる比喩的表現ではなく、実際にマクラーレンF1の基本設計／基本レイアウトをベースにして設計されるのだろう。「センターポジション3人乗りレイアウト」「バスタブ後部にパワートレーンをダイレクトマウントするパワートレーンフレーム方式」「燃料タンクをドライバー後部バスタブ内に収納」「トランスアクスル横置き式」などの構造的特徴もマクラーレンF1を継承すると考えていいだろう。

③注目のエンジンルーム後方のファン、その第1次的目的は「エンジンルームの冷却」ではないか。

④床下後方には巨大な容積のディフューザー部があり、ディフューザーの手前には細いスリットのようなものがあってファンのダクトに連結している。おそらく床下表面近くを流れる速度の遅い「境界層」をファンで吸引することによって床下のエアの流れを整流し、ディフューザー部で生じるグランドエフェクト効果を高めるというのがファンの2次的目的だろう。

⑤ファンはモーター駆動か。マツダのi-ELOOPのようにエンジン前方クランク同軸のジェネレーターで回生充電した電気をキャパシタに蓄電し随時モーターを回す構造かもしれない。

⑥サス形式は不明だが、イラストからは前後ともに横置きダンパー／コイルスプリン

グ式レイアウトを想定していることが伺える。
⑦ホイールベースをマクラーレンF1に対しわずかに延長したのはペダルを前車軸中心より後方に収めるためだろう。バスタブ前端部にはマクラーレンF1と同じような構造のCFRP製衝撃吸収構造がある。
⑧操舵アシストの有無は不明だがコラムEPS式を想定しているように見えなくもない。
⑨変速機の方式は判然としないが、手動式シフトレバーにリンケージ+アクチュエーターのような構造が描かれているところから予想すると、バイワイヤシフトレバー式シングル電制MTかもしれない。

スーパーカー論

永田と福野はGENROQ長期テスト車のホンダNSXに乗って金曜日の夜の湾岸線上りを走っている。

扇島から東扇島をへて、東京湾アクアライン(国道491号)の分岐である川崎浮島JCTまでの約11㎞区間は地図上で見ても完全な直線路だ。中央車線を交通の流れに乗って走行していると、追い越し車線をかなりの速度でGT-Rがぶっ飛んでいった。

永田　おおお〜飛ばしてるなあ。200以上出てますねえ。

福野　「蚊が止まるようなスピード」って奴だな。

永田　なんですかそれ。

福野　いやなんでもない(笑)。昔の悪い冗談です。すみません。こちらはいたって平和ですな。

永田　2019年型のNSXは改良されてあちこちすごく良くなったんですが、「スーパーカー」という存在感への期待からすると正直、なにかちょっと物足りないんですよね。

福野　一般路や高速を走っていれば運転しやすくて静かで安定してて平和、いざサーキット走行したりゼロヨンやったりして動力性能の実力を100%解き放てばGT-Rより速いという、その狙い通りのクルマに仕上がってるわけですから「出来はいい」と言っていいんじゃないんですか。「なにかちょっと物足りない」のはそのコンセプトそのものが間違ってるからでしょう。

永田　NSXの悪口言うとみんなに嫌われますよお。

福野　むかし365BB(365GT4 BB)のレストアをやったことがあるんですが。

永田　もちろん知ってます。エンジンの写真集まで出したでしょ。

福野　新車の時代、スーパーカーブームの前後、日本に入ってきた365BBにも当時何台か乗りましたが、どれもまあなんとも調子の悪いクルマでね。低中速でエンジンの吹け上がりが悪く、いつもぶすぶす文句言ってミスファイアして、寒い日にちょっとでもアイドルしてるとプラグがかぶってくる。3000rpmくらいからメイン系に移行するとそれなりに轟然とは回るんだけど、とにかくうるさい。キャブの吸気音、ブロックの側面放射音、エキパイの気流放射音が耳元で爆発して頭がおかしくなるくらいの騒音だった。

永田　そんなでしたか。

福野　音の件はともかく、エンジン不調の理由はレストアしたときにわかりましたよ。

キャブのセッティング。なんせデタラメなんですよ。アウタベンチュリー34φ、メインジェット1.55(単位口径㎜)にエアジェット1.60、アイドルジェット1.10。いまの方々はみなさんウェーバーのセッティングにはお詳しいからこの数字だけですぐにお分かりになるでしょうが、こんな濃いA/Fセッティングで一般路でまともに走るわけがない。気筒排気量365ccで6700rpm上限なら口径はまあ32φが妥当、ジェットも量産車なら普通、メインとエアの口径に0.6〜1㎜くらいの差はつけます。同じようにやっぱり調子の悪いエンジンが多かったミウラはどうなのかなって調べてみたらやっぱり同じようなキャブセッティングでした。一時期私はデイトナ(365GTB4)も持ってたことあるんですが、あれはいつも綺麗に吹け上がってとても調子よかった。デイトナのメーカー出荷時セッティングはアウター32φにメイン1.35、エア1.90と非常にまともなセッティングでしたから当然といえば当然です。私は365BBというのはミウラの存在感と人気をみせつけられてあせりまくったフェラーリが、デイトナの基本設計を流用して短期間で急遽でっちあげたコピーミウラにほかならない思ってますが、フェラーリはアホなキャブセッティングまでミウラをコピーしてるんですよ。当時争ってた「最高速度300㎞/h」を実現するためにA/Fをリッチにしたといえるかもしれないが、だったらなぜアイドルジェットまで濃くする必要があるのか。ないですよ。

永田　うーん。

福野　ミウラと365BBのウエーバーはどちらもIDA3C型で、固定ベンチュリ式ダウンドラフト型シングルバレルタイプの気化器を3つまとめて1つのケースの中に入れ、左右気化器でフロート室を兼用するという設計です。60年代の始めころランチア・フラミニアのV6エンジン高性能版用として開発したものを1966年春にまずポルシェ911が導入した。キャブ時代の911は2ℓ6気筒だったから4ℓ12気筒のミウラのちょうど半分、しかもここが面白いんですが、うまいことに911には「T」「E」「S」「911R」というチューニングランクがあった。「E」以外はチューニングの異なるエンジンに同じキャブを使ってます。だからエンジンの仕様とキャブのセッティングをミウラと横比較できるんですよ。911は2.2ℓで全車インジェクション化されましたが、スペック自体は4.4ℓの365BBと比較できます。

永田　なるほど。1気筒あたりにすればどちらも330cc、365ccのスポーツエンジンですからね。

福野　で、ミウラや365BBのエンジンの圧縮比やバルブ開度、オーバーラップなどの設定を911の各仕様と比較すると、おおむね「911E」くらいなんですね。ぜんぜんハイチューンなんかじゃない。911Eの出力が2ℓで140PS、2.2ℓで155PSだから、2倍しても280〜310PSにしかならないわけですが、実際ベンチで測定するとミウラS/SVや365BBのエンジンの実力もまさにそれくらいです。そんな低出力であのCD×Aで300㎞/hなんて出るわけない。つまりようするに911でいえばツーリング仕様くらいのローチューンのエンジンに「S」と「911R」の中間くらいの過激なキャブ設定を組み合わせてたってことです。

永田　意味わかりません。なぜそんな。

福野　だからこそ911はスポーツカーだけど、ミウラはスーパーカーなんですよ。

永田　わざとへんな仕様にするのがスーパーカーだということですか。

福野　スーパーカーには実力だけでなく演出も必要だということです。スタイリング、スペック、サウンド、あれこれ演出、それらまとめて私はスーパーカーの「演芸」と呼んでますが、「レーシングカーみたいに気難しくてうるさくて低速で不調なエンジン」だって20世紀の原始時代には演芸だった。現に当時のスーパーカー・オーナーは「渋滞したらプラグがかぶった」「いやもう調子悪くて悪くて」と嬉しそうに自慢してましたからね(笑)。そういうレベルに合わせてセッティングもアホにしてたということでしょう。

永田　フェラーリはミウラのその低俗芸をちゃんと理解してそこもコピーしたと。

福野　さすがにカウンタック／512BB以降は徐々にまともなジェット設定になっていって、インジェクション化されてからはパワー空燃比に近い設定にしたようですが、調子良くなった代わりに「おとなしくなった」「迫力がなくなった」とオーナーには不評だった。80年代中盤からはジェット設定のまやかしなどの低脳演出に代わって、エンジン性能を高めていく本質的チューニングがやっと登場してくるわけですが、それでも「スーパーカーとはスポーツカーにエンタテイメントを加えたクルマである」という本質はミウラの時代からいまも変わってない。「スーパーカーは12気筒じゃなきゃダメ」なんていうスーパーカー論だって、ミウラの時代にランボとフェラーリが作ったスーパーカー演芸に関する刷り込みです。

永田　つまりマレーT50もそこはまったく刷り込み通りだってことですか。

福野　はい。マレーはスーパーカーはスポーツカーであると同時に演芸でなくてもならないということがよーくわかってるんでしょう。だから車重1tに挑戦しつつ、同時に圧倒的に不利な12気筒も捨ててない。スポーツカー追求の部分が「車重1t」、エンタテイメント追求の部分が「1万2000rpm V12」ということです。

永田　12気筒は圧倒的に不利ですか。

福野　運動性には圧倒的に不利ですよ。長いし重いしヨー慣性でかくなるし。排気量3.9ℓにしたのはマレーがずっと開発していたマイクロカー用1ℓ3気筒エンジンの基礎データを転用できるからかもしれませんが、CDと前面投影面積からいって目標最高速(未公表)出すにはどうしても650PSが必要と割り出したんでしょう。常識ならターボしかないですが、スーパーカーの演芸に関するみなさんの刷り込みは「NA12気筒」でしょ。すると1万2100rpmって話にならざるを得ないけど、エンジン設計者に聞いたところ、そんなに回したら摩擦損失の塊だと。トップエンドの2000rpmで稼ぐ馬力の大半は、機械損失で持っていかれる。だけど遠心力は回転数の二乗に比例して増加しますから、クラッチとか補機駆動系の耐久性はかなり苦しい。LFAのチーフエンジニアの棚橋さんからききましたが、LFAの開発テストでもニュルで「クラッチが遠心力で変形して切れなくなる」という超常現象が起きたらしい。

永田　それでも「V12はスーパーカーには必須」とマレーは考えてるんですね。「マートラF1のサウンド」への憧れを語ってましたが。

福野　あれ読んで「同じ世代の方なんだなあ」と思いました。1976年10月の日本初のF1グランプリは友人たちと連れ立ってラウダのフェラーリ(312T2)を見に行きましたが、予選が始まったらジャック・ラフィーのリジェJS5のマートラV12の音があんまりいいんで戦慄しました。グランドスタンドを全開で走っていくと秋空に高周波が突き抜けて圧倒的、赤いクルマのことなんか一瞬で忘れて全員ブルーのマシンのファンになりました。あの日FISCOにいた人はいまでもきっとあの音を覚えてるでしょう。ただしリジェは音ばっかでノロかった(笑)。ポールポジションのロータス77のフル1秒落ちですからね。そのロータスのエンジンがなんだったか知ってます？　フォードDFVですよ。伝説のV8。設計したのどこだか知ってますよね。もちろんコスワース。

永田　そうか。マレーのV12はコスワースが作るんだ。

福野　そうです。V8でF1GPを155勝したコスワースくらい「12気筒は戦闘力がない」ということを知ってるメーカーはないでしょう。もちろんマレーしかりです。

永田　いまのお話しをまとめると、NSXがなぜスーパーカーとしていまいち物足りないのかもわかってきます。このクルマは良きにつけ悪しきにつけ演芸がやや足りないのかなと。

福野　LFAも同じですね。いってみれば「馬鹿が足りない」。ミウラに始まりアヴェンタドールに至るスーパーカーの魅力をみなさんは「理屈じゃないよ」と言うけどその通りです。理屈で構築するスポーツカーに馬鹿芸のエンタテイメントを足したのが、スーパーカーの魅力だからです。スーパーカーはクルマの背徳の結集なんだから。ここがわかってないとスポーツカーは造れてもスーパーカーは造れない。

永田　マレーさすがですね。

福野　あのひとはF1だって競技だけじゃなくて演芸興行なんだということがちゃんとわかってた。だから興行屋のバーニー・エクレストンと一緒にファンカーなんか造って物議を醸してレースを賑わしたんでしょう。いまのF1がつまらないのはイコールコンディション(とエコアピール)ばかりに専念して、ユーモアのセンスと馬鹿芸を忘れたからですよ。

永田　説得力あります。

福野　もちろん私自身はユーモアのセンスなんかまったくないので、夢のスーパーカーを机上で妄想するなら「車重1トン以下」「重心高370㎜以下」「ヨー慣性モーメント1500kg㎡以下」、エンジンはだまって2ℓターボ横倒しにしますけどね。

永田　それじゃぜんぜんスーパーカーになりません(笑)。

福野　はははは。だから福野礼一郎なんてだめなんだよ。派手やってバカやってウソつかないと人気はでない。しかし真面目にいうとエンジンなんかなんだろうが、超絶な運動性が実現できればそれも立派に演芸だと思いますよ。コーリン・チャップマンと「サーキットの狼」がそれを証明してるじゃないですか。

07

66年間の伝統をくつがえし
いまミドシップに転向
コルベットはなぜミド化に踏み切ったのか
その背景、パッケージ、シャシー能力を
発表スペックから分析する

シボレー・コルベットC8の分析

ラストFRコルベットに乗る

関東地方を直撃し多くの被害を出した2019年・台風15号。都内でも深夜から未明にかけての猛烈な風の音で目が覚めた人は多かった。眠れぬ一夜が明け、翌9月9日昼過ぎにようやく天候は回復したが、蒸し暑いその夜の都内は一斉に溢れ出したクルマで各所で渋滞が発生、首都高の表示は午後7時を回っても渋滞表示でまだ真っ赤である。

試乗車はコルベット・グランスポーツ3LT。8速AT仕様＝1226.9万円。

大きく前後フェンダーを張り出しスポイラーを装着した外装およびタイヤサイズは、659PS／881Nmの高性能版「Z06」と同じ。ただしエンジンは日本で1000万円を切って販売していたベーシック仕様Z51の6.2ℓNA466PS／630Nmだ。

これを「なんちゃってZ06」と見るか「おいしい仕様」と思うかは受け取り方次第だが、フロント285/30-19、リヤ335/25-20というZ06と同サイズのタイヤは、どう考えてもこのパワーにはいささか大げさだ。だが日本仕様は2018年モデル以降ベーシックモデルを廃止し、Z06とこのグランスポーツだけのラインナップにしてしまった。

永田と福野はスカイツリーが見える撮影地点を探しながら都内をドライブしている。

永田　タイヤはZ06と同じですが、サスのスペックはZ51なので、乗り心地はタイヤの割にはびっくりするくらい良いですね。

福野　Z06の標準はセミレーシングですよ。広報車がグランスポーツと同じロードタイヤ(ミシュラン・パイロットスポーツOEM仕様＝ランフラット)を履いてただけで。

永田　そうか。そうでしたね。

福野　Z06はまんまニュルアタック仕様だからとにかくアシが異様にがっちがちで、あれ乗って豪雨の日に磐越道走って会津に行ったときは、ロードタイヤに履き替えてあるにもかかわらず80㎞/hでもまっすぐ走らず、ひとつ間違えば発散しそうな挙動(＝スピン)でマジやばかった。その点Z51のサスは適度にしなやかだし、ダンパーのレスポンスもいいから車体姿勢が非常にフラットです。タイヤがひと回り細いノーマルZ51は乗り心地極上で、操縦性とのバランスが非常にいい傑作車でしたが、このぶっといZ06サイズでもなんとか履きこなしちゃってるのには感心します。

永田　突き上げとかもほとんどないし、ショックが入ってもまったくボディに響かないですね。いつもの福野式分析ならダンパーの効きがいいのは局部剛性が高いから、ショックが響かないのはボディの共振周波数が高いからということですが。

福野　ダンパーユニットそのものもバルブのチューニングがちゃんとできてるし、パイロットスポーツのOEMは19／20インチの超扁平ランフラ仕様であってもトレッドとサイドウォールのバランスがとてもいいので、乗り心地はどのクルマで乗っても非常にいいですが、クルマそのものの基本がいいからユニットの良さもさらに生きる。あと造り込み(走って開発しファインチューニングすること)も最近のドイツ車なんかよりずっと入念です。

永田　福野さんがコルベット絶賛とはやや意外ですね。こう言っちゃなんですが典型的なデカくて重くてハイパワーなFRスポー

ツカーというイメージですが。

福野　もちろん基本的にはその通りですが、皆さんがバカにしてるよりもクルマの出来は50倍いいですよ。**シャシー剛性も局部剛性も内装材の共振点の高さも、あきらかにボクスター／ケイマンより上**。アルミ押出材とダイキャストを組み合わせて骨格を造ったシャシーの設計技術はテスラ同様に高いです。デタッチャブルトップが標準なんでルーフのサイドレールがないけど、そこも当初から想定して設計しているから、まったくウイークポイントになってない。フロア周りの強化も徹底的にやってあって横曲剛性も非常に高い感じですね。ターンインでステアリングに微舵を当てたときに車体全体のヨーレスポンスがよく操舵応答感がいいのは、リヤサスのマウント部がしっかり固まっているのとボディの横曲剛性が高いからで、このあたりの最新のシャシ設計のツボをきっちり抑えてるのはすごい。値段も考えるとスポーツカーとしてはポルシェより設計も出来栄えも上でしょう。

永田　うーむ問題発言ですねえ。エンジンはオールアルミ6153cc2バルブOHVの

「LT1」。Z06もグランスポーツも新設計エンジンのくせになんとOHVで各気筒2バルブなんですよね。このあたりはどう絶賛しますか(笑)。

福野　アタマいいと思いますよ。6.2ℓの大排気量だからNAでトルク630Nmもある。したがって**ピストンスピード18.4m/sの6000rpmで466PS出てます**。機械式送風器付きのZ06なら(→スーパーチャージャーは過給器ではなく送風器)ピストンスピード19.36m/sの6400pmで659PS出てます。**摩擦抵抗を考えればピストンスピードの実用的限界は20m/s**で、それ以上回しても摩擦が増えて出力の多くは熱に変わり効率がガタ落ちします。つまり最高速競走からリタイヤしたコルベットには4弁DOHCなんかいらないんです。逆にOHVならヘッドが小さくエンジン高が低くエンジン重量が軽くエンジン重心が低いから、FRでもボンネットを低く重心高を低くハナを軽くできる。

永田　まあもっと馬力欲しいならターボつければいいわけですが。

福野　その通りですよ。いまのターボユニットは昔とは比較にならないくらい性能いいから、この排気量なら低速域からターボラグなしでパワー立ち上がって、さして回さずに900PSくらい出るでしょう。昔のアメリカンV8は鋳鉄ブロックで、トラックへの搭載用途も考えて基本設計の安全率を思いきり取ってあったから、各パーツの設計がごつくてエンジン重量がバカ重かったんだけど、シミュレーションを駆使しながら設計する現在のオールアルミ軽量設計なら、カムドライブ含め同排気量DOHCよりかなり軽くできます。このエンジンも220kgを切ってるはず。大排気量エンジン前提なら車両のトータルパッケージを考えるとV8 OHVというのはとてもいい選択です。

永田　うーん。

福野　DOHCだ4弁だっていうけど、動力性能の観点から言えば有利なのは高回転域だけですよ。元々そのために考案された機構ですからね。あんなでかくて重くて重心の高いヘッドを乗せ、重いチェーン取り回してカム駆動してるのもトップエンドの2000rpmのためですが、T50のときにも言ったように高回転回して絞り出したパワーの大半は摩擦抵抗で熱に変わって、パワーになっていません。**熱効率を考えて4弁にして、燃焼室内にタンブルつけてノンスロットリング化してVVTつけてミラーサイクルするというのが現在のエンジンの常套手段ですが、モード燃費と排気ガスクリアするだけならこのユニットみたくエコモードで気筒休止するインスタントな手法でも十分対処できます**(エンジン始動時デフォルトでエコモード)。

永田　私は高回転までカーンと回るのがスーパーカーの醍醐味だと信じてますが、マクラーレン乗ったときも「公道では低中速レスポンスがドライブフィールの気持ちよさの決め手」だって力説してましたね。

福野　OHV2弁がスーパーカーとしての商品力のイメージとしてDOHC4弁に劣るというのはわかります。前回言った通りスーパーカーとは一種の演芸・興行です。ハリウッド映画のカーチェイスでは激突・横転したら必ずぼかーんと爆発しますが、ああしないとアクションにならないからで、それと同様にスーパーカーも12気筒・高回転エンジンでキーンだのカーンだのいわないと芸にならない。

永田　実際にはどんなぶつかり方したってガソリンタンクは爆発なんかしませんよね。失火しても爆発しないでただ燃えるだけです。でも私はコルベットのOHVはこれはこれでいいと思うんです。ポルシェ・ファンがRRと水平対向エンジンにこだわり、ランボファンがミドシップとNA12気筒にこだわるように、アメ車ファンにとってはOHVエンジンのFRでこそ「アメ車」なんで。だからこそC8のミドシップは大問題だと思うんですよ。今夜のテーマは「どうしちゃったんだコルベット」ここです。アメ車ファンはみんな泣いてると思いますが、福野礼一郎はどう考えるか。

ミドシップ＝C8コルベット

福野　66年間ずっとFRで造ってきたんだから、長年のファンのためにその演芸を守り、どうしてもミドを出すならハーレーのVロッドみたく兄弟車として別車種で出すべきだったかなとは思ってます。

永田　ですよね。

福野　コルベットがミド化を決断した市場の動向は多分2つ。第一はスペシャルティカーの猛追です。これは60年代末に起きた現象とまったく同じデジャブのような状況なんですが、カマロ、マスタング、チャレンジャーの御三家において2015年くらいから馬力競争が始まった。本国仕様の話ですけど、カマロは「ZL-1」という伝統のハイパフォーマンス版ネーミングを与えたバージョンにコルベットZ06用650hp（以下本国表記出力）を搭載。マスタングはシェルビー版に加えてラフパフォーマンス製670〜730hpやヘネシーパフォーマンス製717〜774hpのスーパーチャージド5ℓV8などのハウスカスタム・ユニットを積んでカマロZL-1に対抗した。チャレンジャーも6.2ℓ707hpのヘルキャットを発売してる。単に馬力表示だけの話ではあっても、4座クーペにこういう性能出されるとコルベットの立場がない。

永田　アメリカ人なら「マスタングが700hpならコルベットは900hpじゃなきゃ」ってきっとそういうでしょうね。

福野　アメリカ人でなくたって世界中のスーパーカーファンはその思考パターンでしょう。コルベット＝ミド化の2番目の事情はやはりフォードGTの存在です。サリーンが造った2005〜6年版は当初計画を大幅に上回る4038台を売って商業的に大成功したし、LM-GTEでレースに出ることを前提に作った第2世代は、マクラーレンSLR、アストンOne-77、そして数多くのレーシングカーを設計・開発してきたカナダの名門マルチマチック社に開発委託した結果、レーシングカーとしてもスーパーカーとしても図抜けた存在になった。コルベットとしてはこれをただ座して見てるわけにはいかなかったんでしょう。

永田　下からは追い上げられるし、上には決定版が君臨しちゃうし、ですか。しかし実際に販売台数的にはコルベットってどうなんですかね。そんなに追い詰められてたんですか。

福野　逆。販売台数的には実は非常に堅調です。1953年からのコルベットの販売台数は2018年までの66年間のトータルで160万

4712台、つまり66年間ずっと月2000台平均売ってきた。スポーツカーとしては化けもんです(以下生産台数＝販売台数と考えて表記)。さらにこれをC1からC7までの世代別の人気で見てみると、年間平均販売台数はC1(53〜62年)＝0.7万台、C2(63〜67年)＝2.4万台、C3(68〜82年)＝3.3万台、C4(84〜96年)＝2.6万台、C5(97〜04年)＝3.1万台、C6(05〜13年)＝2.4万台、C7(14〜18年)＝3.1万台と非常に安定して売れている。全盛期に比べていまも人気はまったく衰えていない。

永田　となるとその立場をおびやかしているかもしれない御三家がどれくらい売れているのか知りたくなってきます。

福野　1番人気はマスタング。初代のリクリエイションが人気を呼んだ2005〜13年の第5世代が年平均10.3万台、フルチェンした現行モデルが9.3万台／年。カマロはマスタング人気にあやかってリクリエイションした2010〜15年の第5世代は「トランスフォーマー」もあって8.3万台／年とマスタングに迫りましたが、16年〜の現行モデルは6.2万台／年に失速。当初企画的には第2弾ロケットだったはずのフロントマスクのマイチェンも結果的にアシを引っ張ってる状況です。マニアには人気のあるチャレンジャーは2008年からの11年間で平均4.8万台／年。

永田　マスタングが1番でチャレンジャーはその半分ですか。興味深いです。つまりC7の年平均3.1万台というのがどんだけすごいかってことですね。だって値段はおおむね御三家の倍でしょ。

福野　C7ラストイヤーの2018年モデルはコルベット史上最低の9686台に甘んじてるんですが、ミドのC8が盛んにスクープされたので客が買い控えたとも考えられる。とするとミド化への期待は逆に高いのかともいえる。

永田　なるほど。

福野　ただアメ車は世界中のメーカーがやってるトヨタ式の順立て一個流し生産(注文

が入った車種・仕様をその順番に作る注文生産方式)ではなく、市場動向を探りながら生産計画をあらかじめ四半期毎などに決めておくロット生産方式に近いので、2018年の「1万台」も計画的な数字でしょう。ミド化するとなると組み立てラインを大幅に改変しなければならないから、逆に言えばその都合とティーザーキャンペーンをかねてわざとニュルの情報や予想図などをネットに流し、流通量を調整しながら期待感をあおっているとも見れる。ただしラストFRだからといってプレミアがついたり取り合いになったりする動きもないようです。

永田　うーん。とするとミドへの期待が案外高いのかあ。

福野　はっきり言えるのはコルベットがミド化に踏み切ったのはスポーツカーとして「攻め」の企画だということです。ファンの気持ちと古き良き伝統演芸を守るなら当然FRでしょう。でも興行として攻めるなら絶対ミドです。みなさんそれはお分かりでしょう。もうひとつ重要なのは、FRかミドかに関係なく、クルマの作り方のプロセスと精神です。C6以来、彼らはニュルブルクリンク北コースに通い詰めて走り込んで開発してスポーツカーのノウハウを培ってきた。その結果としておそらくあそこで何かを「見つけた」んですよ。

永田　……。

福野　GT-RチームもLFAチームもニュルに出発するときは「われこそ日本のメーカー、我こそ日本人、その実力を世界に証明しちゃる」という心意気だったでしょう。でも開発が終わったころには彼らの心はある意味もう日本人じゃなくなってた。なぜならあそこで世界共通真理を知ってしまったからです。ホンダF1第1期の中村良夫さん、第2期の桜井淑敏さん、第3期の後藤治さんなども同じですね。海外でライバルと切磋琢磨するうち日の丸万歳のお山の大将から国際人に変わっていった。そういうもんなんですよ。**だってどう考えたってGT-RとLFA、あの2台は根本的に日本車じゃない。**

永田　確かに。

福野　コルベットのチームもニュルを走ってスポーツカーの真髄に触れるうちにだんだんアメリカ人じゃなくなっていったんだと思います。**私はC7コルベットにまったくアメリカを感じない。これは真っ直ぐなドラッグコースでホイールスピンさせて喜ん**

でるようなメンタリティとは根本的に違うクルマです。C7はアメ車じゃない。スポーツカーですよ。

永田　それはいえますね。少なくともC7には「おバカなアメ車」は感じません。

福野　本物を知ってしまったら、いままでの人間ではいられない。ウソのクルマはもう造れない。だからコルベット開発陣もミドで勝負したかったんでしょう。上層部も、安定したこれまでの販売台数やライバルの存在を勘案して、彼らの提案にゴーを出したと、そういうことではないかと思います。実際問題としてもFRでここまでいいスポーツカー作れるなら、ミドだってかなり期待できるわけですが、コルベットが作ってくれるなら大量生産効果でおそらくV8+500PS級のスーパーカーがおそらく1000万円そこそこで買えるようになるわけですから、我々としたってそれは素晴らしい。

永田　でもファンがそこまでわかってくれますかね。

福野　その通り。だから商業的にはこれは大きな賭けです。シボレーだってできることならFRと並行生産したいくらいでしょう。でもそれは物理的にできない。前に進みたいなら賭けに出ざるを得ないわけです。発表されたクルマのパッケージを見ると、だからこそビビって慎重にならざるを得なかった部分がいろいろと垣間見えてきます。

C8コルベットのパッケージ

永田　ではとりあえず現時点で判明している情報からC8コルベットを分析してください。

福野　C8の側面イラストの上からC7の線図を透過GIFにして同縮尺で重ねてみました。

永田　うーん、コクピットの位置が全然違いますね。

福野　最初にボディサイズがほとんど同じであることに注目してください。数値を比べてもホイールベースで0.5%、全長で0.8%、全高で0.2%しか変わってません。**同じサイズでミドにしたのに全高がまったく変わってないというのは、まったくもってエンジニアリング的発想じゃありません**。これじ

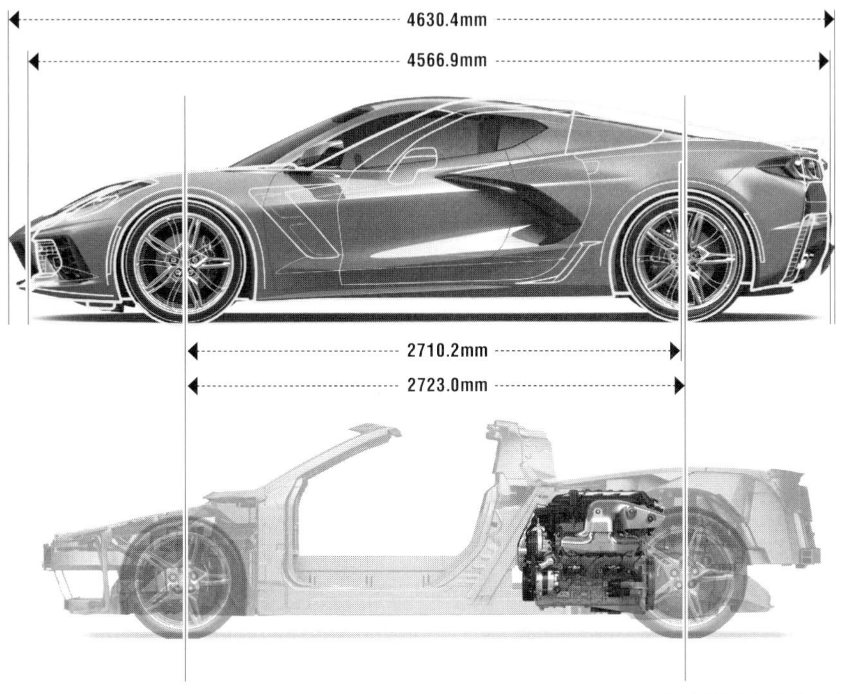

※数字は本国の発表値です。

ゃエンジンがフロントからコクピット背後に移動しただけじゃないですか。

永田　確かに。

福野　フロントにエンジンを入れないならボンネットはもっと限界まで低くできるはずだし、コクピットの床にプロペラシャフトを通すためのトンネルがいらないから、居住性を変えずに左右席間の距離(「カップルディスタンス」)を狭くし左右サイドガラスを倒してコクピット断面積＝前面投影面積を小さくすることができるはずです。さらに床下に排気管を通さなくていいからコクピットの床を下げ着座位置を低くし、ルーフを下げて全高を思い切り低くできます。低く座っても前方視界に支障はない。つまりヨー慣性モーメントがなんたら後輪荷重がどうたら言う前に、**ミドシップにすれば居住性を変えずにクルマを低く前面投影面積を小さくクルマをかっこよくできる**わけで、エンジニアは「むしろそのメリットが一番大きいのでは」と口を揃えて言ってます。フロントエンジンじゃ逆立ちしたってカウンタックやアヴェンタドールみたいなスタイリングにはできないんだから。

永田　つまりC8はミドシップ最大のメリットをまったく活かしていないということですね。なんか写真を見るとむしろFRのときより腰高になった感じがします。全体にずんぐりして腰高でフロントノーズが分厚く長く、スーパーカーらしい精悍なシルエットがありません。

福野　キャビンが前に移動してフロントノーズが短くなったのに全高が変わってないんだから、ずんぐり見えるのは当然です。確かにボディサイズが絶対的に小さい場合なら、居住性／乗降性を確保しつつFF用横置きエンジンを積むと、MR2とかMG-FとかS660みたいにこういうシルエットにもならざるを得ないのもよくわかるんですが。

永田　なんでそういうことになっちゃったんでしょう。

福野　「コルベットはFRじゃないとだめ」という保守的アメリカ人からの反発にビビったからですよ。第一に乗降性をわずかにでも落としたくなかったんでしょう。発表会場に展示したC8の車内にアメリカ人たちが乗り込んで、べちゃべちゃ感想をしゃべるような動画がYouTubeに多数アップされてますが、でっぷり太った巨体でよいしょと乗って「うん乗降性は悪くない」なんてやってる。あそこでもし座れなかったら、このクルマの評価はそこで終わりでしょう。

永田　アヴェンタドール造ってもアメリカ人はシートに座れないと。

福野　もうひとつはやはりイメージです。「クルマはFRじゃなきゃダメ」なんていってる人の大半は「フロントにエンジンがあったほうがなんか落ち着く」「衝突時に安全だ」「ノーズが長くてかっこいい」「だいたい馬車では馬が前から引っ張ってたんだ」なんていう、そんなメンタリティでしょ。アヴェンタドールの短くて低いノーズが耐えられるわけがない。45年前日本にカウンタックが入ってきて運転したときも「足元がすかすかする」「裸で乗ってる気がする」なんてみんな言ってたもんです。

永田　そういう印象を少しでも少なくするためにボンネットをわざと高くしフロントオーバーハングを伸ばしたと。

福野　そうだとしか思えません。「フロントのトランク面積を稼ぐため」「衝突安全性の確保のため」と言い訳しとけば、アホ自動車評論家なんかもまとめて一蹴できるしね。パッケージ上のもうひとつの注目点は着座位置。C8のイラストのコクピットの中に見えているステアリングの位置を見てください。すごく後ろの方にあるでしょ。

永田　そんなような気もします。

福野　ステアリングのリム位置というのはAピラー後方、ドアサイドミラーに隠れるか隠れないかくらいの位置にあるのが普通です。C8の場合それより優に100〜120㎜くらい後方にある。YouTubeの動画見ると、確かに実車でもインパネがやたら前後に長くて、フロントガラスからステアリングまで異様に遠いことがわかります。もちろんそれだけデフォルトの着座位置も後方にあるということで、人間の視点からフロントノーズまでの距離を遠くすることでも従来のFRからの違和感をなくそうとしているわけです。

永田　キャビンフォワードしているように見えて着座位置はそんなに変わってないと。

福野　ノーズ先端から測れば着座位置は250㎜くらいしか前進してない。

永田　つまりそれだけエンジンルームは苦しいということですか。

福野　その通り。ミドシップというのは「ホ

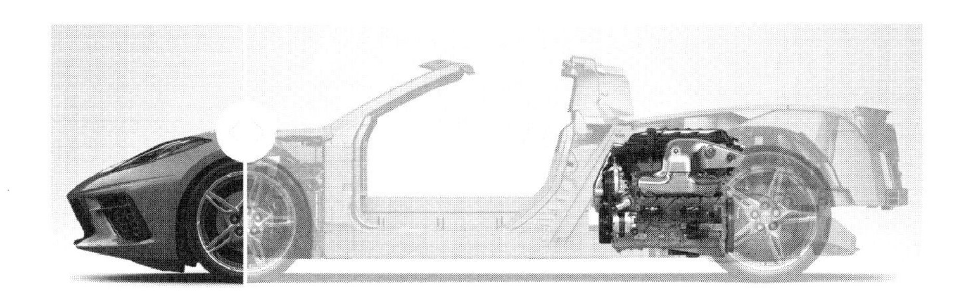

イールベースの内側に人間とエンジンが同居するパッケージ」ですから、**人間が後ろに下がればエンジンの居場所がなくなってエンジン位置が後輪に接近しリヤヘビーになります**。エンジン搭載図でエンジン重心をクランク中心部とすると、エンジン搭載位置はホイールベースの19%付近です。つまりエンジン重量の81%が後輪に乗る計算。これは横置きミドと大差ないバランスですよ。

永田　この図だとエンジン搭載位置もあまり低くない印象ですね。

福野　ミドだとエンジン全高をさほど気にしなくていいから、吸気の取り回しやサージタンク容量の設定自由度が上がってエンジンのトルク特性を最適化しやすい。なのでついエンジン高が高くなりがちです。デッキが高くなると後方視界に問題が出ますが、C8の場合は着座位置そのものがFRの時とほとんど変わってないから問題は出ない。この図でもOHVのタペットカバーからサージタンクまでの高さが170㎜くらいあります。ディープスカート＋ドライサンプで腰下はコンパクトなのに、搭載位置はちょっと高い。総じて「従来イメージの踏襲という足かせがミドシップ・パッケージとしての詰めを甘くしてる」という印象です(筆者注：イラストの表現は正確ではなく、実際にはC8のエンジン搭載位置はC7よりさらに若干低かった)。

永田　なるほど。

福野　ミドエンジンはトラクションのメリ

ットと引き換えに、ひとつ間違えば単なるリヤヘビーのオーバーステア車に成り下がる。だから基本パッケージの10㎜20㎜がものすごく重要です。しかしスーパーカーの初代ミドシップ世代だったミウラ、そしてBBはまさにこの「FRイメージの踏襲」の圧力でパッケージ構築に失敗した例です。見た目をFRっぽくするためにノーズをわざと長くし、後方に座ってエンジンを後方に押しやり、後輪荷重を増やして操縦性のポテンシャルを己で低下させてしまったわけです。ランボはすぐに気づいて、第2世代のカウンタックで正しいミドパッケージを造ったが、フェラーリは360出すまでそのダメパッケージをひきずった。C8コルベットもまさにその轍にはまってしまったという感じです。ここは大変残念ですね。

C8のポテンシャル

永田　期待できるところはないですか。

福野　実際の走りはシャシーの出来で大きく左右されるので、ここは期待できます。ニュルを走り込んで得たノウハウ満載で最初から造った第2世代だから。アルミの押出材／鋳造材／ダイキャストを部位によって使い分け軽量性と高い剛性を両立するC7のアルミフレームの特徴に加え、実車のスケルトンモデルの写真を見て思ったのは2点です。ドアヒンジ取り付け部の大断面ポストとダイキャスト製インパネフレームがまずひとつ。**ステアリングを切ったときの反力はインパネフレームを伝ってボディに伝わるから、その伝達経路の剛性をすべて上げると操舵レスポンスが上がります**。ここを意識して強化していることが設計構造からわかる。もうひとつは仕切りを細かく入れたアルミダイキャスト製の前後サブフレーム。これも含め**ボディ底面近くを徹底的に強化してるのでボディの横曲げ剛性は相当高い**でしょう。以前も説明しましたが、ボディが変形していく過程では変形自体に力が消費されてボディは剛性を発揮できない。変形が終わった時点で初めてぐっと突っ張って荷重を受け止めることができる。ボディの横曲げ剛性が高いと、ボディのヨーイングの荷重が前輪から後輪に素早く伝達され後輪がグリップを発揮するレスポンスが早くなって操舵応答感がよくなります。

永田　シミュレーションん解析で今はそれが可視化されてはっきり分かっているわけですね。

福野　ダイキャストのサブフレーム構造は、薄肉の板がそれぞれ応力を分散して受け持つから、軽量でかつ剛性が高い。剛性＝ばねですが、**サスのばねに対してボディが「完全剛体に近い」とみなすには、ボディのばね定数がサスのばね定数のおおよそ10倍以上でなければなりません**。それよりずっと低いと入力した瞬間にまず着力点であるボディが歪んで逃げるから、サスがストロークできずダンパーが減衰力を発生できない。だからサス取り付け部局部剛性の高さこそ操縦性と乗り心地両方の大きなポイントです。C8はここをしっかりわかってやってる。こういうことの多くがこの15年間くらいでシミュレーションによってようやくわかってきたことです。**それまで100年間「サスで決まる」「ダンパーで決まる」と考えられていたことの多くは、実はボディで決まってた**。ニュルを走り込んでテストドライバーの体感印象をメカ設計にフィードバックすれば、さらにもう一歩も二歩も進んだ開発ができるでしょう。C6からニュルを走り初めてそのノウハウでC7を設計、C8はその第2回目。GT-RもLFAも残念ながら第1世代で止まってしまったけど、コルベット・チームはセカンドチャンスをゲットした。今回はトラクションも大きいがオーバーステアの制御も難しいミドだからやりがいはあったでしょう。でも出来上がったメカを垣間見るだけでも要所をきっちり造ってあることがわかる。期待できます。

永田　乗るのがますます楽しみになってきました。

SPECIFICATIONS

シボレー・コルベット・グランスポーツ(C7)

■ボディサイズ:全長4515×全幅1970×全高1230㎜　ホイールベース:2710㎜　■車両重量:1600㎏　■エンジン:V型8気筒OHV　総排気量:6153cc　最高出力:343kW(466PS)/6000rpm　最大トルク:630Nm(64.2kgm)/4600rpm　■トランスミッション:8速AT　■駆動方式:RWD　■サスペンション形式:Ⓕ&Ⓡダブルウイッシュボーン　■ブレーキ:Ⓕ&Ⓡベンチレーテッドディスク　■タイヤサイズ:Ⓕ285/30R19 Ⓡ335/25R20　■パフォーマンス　0→60mph加速:3.6秒　■価格:1226万8800円(2019年当時)

08

オープン2座＋水平4気筒＋ミド
1948年の出発原点に立ち戻った
718ボクスターに乗りながら
スポーツカーの理想を考える

ポルシェ718ボクスター

川崎市千鳥町は、京浜工業地帯に浮かぶ1.3km四方の矩形をした小さな埋立地である。首都高速神奈川6号川崎線がオーバーパスしているお隣の浮島、南西隣の水江町との間はそれぞれ幅250～350mほどの広い運河で隔たっていて、川崎市に戻るには国道132号線の起点でもある千鳥橋で幅員150mの千鳥運河を渡らなければいけない。

島の北端にある(株)日本触媒は自動車用触媒などを生産している会社だが、実は紙おむつの材料である高吸水性樹脂で世界1位のシェアを誇るらしい。

篠原カメラマンの指示でクルマを停車したのは酸化エチレン誘導品製造プラントと思しき施設の前だ。知るひとぞ知る夜景の有名スポットである。

2019年10月31日(木)夜9時半。

撮影しているのは718ボクスターの広報車だ。

300PS／380Nmの2ℓターボ＋7速DCT搭載のベーシックモデル694.2万円(＋オプション＝DCT含み100.2万円)。ご存知の通り718は2012年登場3代目981ボクスターのマイチェン版で、最大の特徴はこの新設計DDP型水平対向4気筒である。

永田　私の愛車は993なんですが、福野さんもポルシェにはかなり乗ってますよね。

福野　私は本当にもう大昔の話です。お恥ずかしい。

永田　福野さんの愛車としては当時のゲンロク誌面に大々的に登場してた内外装パールホワイトの964タルガが有名ですが、ブラックの930カブリオレも乗ってましたよね。

福野　最初81年の911SCSを中古で買って、すぐに83年のSCの新車に買い換えて、次がドイツから新車並行で引いた85年のカレラ・カブリオレ、そのあと一回新車並行の328GTBを買ってから、90年の964タルガです。これは三和自動車(当時の正規輸入ディーラー)に注文した。カレラ2と同時に1970年の914／6も持ってました。

永田　その914は売ったあとになってエンジンが2.4ℓのSのものに換装されていることが判明したってやつでしたね。「なんかやけに速いなと思ってたら馬力が倍だった」っていう(914／6オリジナルは911T用2ℓ110PS→911S用2.4ℓは190PS)。

福野　軽量で軽快でいいクルマでしたね。CR-Xデルソルが出たとき(1992年3月)「914を参考にした」と伝え聞いたので、ホンダの栃木のコースでの取材に964タルガで行って、同時にトランポで914／6も持って行って、一緒に並べて撮影しました。あの914／6はスポーツマフラーがついてたんで、チーフエンジニアに運転してもらってバンクで走らせたら、ル・マンを走ってる910みたいな乾ききった快音が空に響き渡って、みんなで「うひゃ～いい音するなあ」って。ちょうどCB-X(CB1000)が出たころだったんで「うちも6気筒で対抗するぞ」ってホンダの人が乗ってきて、914/6とランデブー走行しましたが、素晴らしい光景でしたねえ。みんなCR-Xデルソルなんかもうそっちのけで(笑)。**ホンダの人は本当にみんなクルマが好き**ですねえ。

永田　「CR-Xデルソルのすべて」の掲載記事(モーターファン別冊 Vol.118)で読んだ覚えがあります。

撮影が終了したので篠原さんと別れ、オープンに開けて試乗開始。首都高速1号線で北上、いつもの東京ニュルブルクリンク=首都高2号線をめざす。

ボクスターのエンジンはあのときの914/6とは対照的にボロボロと湿った音で回る。

新設計4気筒ターボは6気筒のモジュラー設計。91×76.4㎜の2ℓは3ℓ6気筒と、102×76.4㎜の2.5ℓは3.8ℓ6気筒とそれぞれボア・ストローク値と基本設計を共用する。

永田　まあそこがポルシェ・マニアにとっては若干物足りない部分です。

福野　なにがですか?

永田　4気筒です。

福野　元々ポルシェの出発点は4気筒ですよ。

永田　356は4気筒ですよね。最初はビートルのエンジンのチューニング版だったから。シュトゥットガルトのポルシェミュージアムに飾ってある356のプロトタイプ(356-001)は、スペースプレーム+アルミボディのミドに、水平対向4気筒のVWエンジンを40PSにチューニングして4速トランスアクスルごと乗せた2ドア・オープンカーのミドシップカーでした。だからボクスターが4気筒になったいま、まさに「ポルシェの原点」に戻ったわけですが。

福野　だからわざわざ今夜はこれを指定し

て借りてきていただいた。エンジンだけでいえば水平対向6気筒はたしかにいいレイアウトです。水平対向のメリットは直列より重心が低くなるだけでなく、V型同様左右で対向するシリンダー同士の中心間距離＝バンクオフセットが片バンクのボアピッチよりも小さいんで、直列エンジンよりクランクシャフトを短くしてエンジン全長をコンパクト化できることです。さらに6発の場合は向かい合ったピストンのクランクピンを180度位相にして、そのペアを3組120度位相で配置して等間隔点火にすれば、排気を片側づつまとめるだけで脈動効果が使え、パワーでも直6に拮抗できます。ピストンの往復運動によって生じる慣性力由来のエンジン振動も、直6同様に各気筒の動きで相殺できるので並進力／偶力は1次／2次ともに出ません。

永田　いわゆる「完全バランス」というやつですね。

福野　ところがまあここがミソなんですが、**直6も水平6も振動は出なくても「トルク変動」はちゃんと出る**んですよ（拙書「クルマの教室」参照）。トルク変動というのはクランク軸回りに生じるトルクの変化のことで、燃焼圧によって生じるものに加えて往復運動質量による慣性力でも生じます。後者はアクセルをオフったときのモータリング（＝エンブレ）でも生じるのがポイントです。ちなみに8気筒以上の多気筒エンジンでは慣性力起因のトルク変動はほとんど出ません。例えばV12はアクセル全開ではびーんという筒内圧起因のトルク変動のビートが生じますが、慣性力によるトルク変動は出ないので、アクセルをオフるとほぼ完全にふっと無振動になります。対して直6や水平6は踏んでるときはV12と似てますが、アクセルをオフったときに慣性力によるトルク変動がぶーんと残る。

永田　たしかに言われてみればそんなような……。違いはアクセルをオフったときの振動ですか。

福野　直6や水平6に対し水平対向4気筒は一挙にバランスがくずれる。トルク変動が大きくなるだけでなく、等間隔点火に設計しても、そもそもピストンの往復慣性力による2次偶力（エンジン回転の2倍のサイクルで生じる、みそすり振動）が出るんですね。それと**4-2-1排気にするには1番と2番シリンダー、3番と4番シリンダーの排気をエンジンをまたいで繋がなきゃいけないから、86やRBZみたいにエンジン重心高が高くなって水平対向のメリットが半減する。仕方なく片バンクづつまとめると今度は不等間隔排気になってボロボロというのんきな排気音になる**。まさしく本車がそれです。

永田　いわゆる「ボクサーサウンド」ってやつですね。

福野　自慢するようなもんじゃない。排気慣性効果が気筒によってばらついてるから気筒ごとに出る性能が違ってますよーって表明してるようなもんだから。あとこれもエンジニアの方に教わって「なるほど」と思ったんですが、エンジン全長が短いということは、実はベアリングの幅も狭くなるからベアリング荷重条件が厳しくなるんですね。水平対向6気筒はピストンの動きがうまく分散されてバランスしているから問題は出ないけど、**水平対向4気筒の場合は2番ピストンと3番ピストンが同期して左右同時**

に上下してるんで、3番の軸受け荷重が厳しくなってパワーが出せない。

永田　でもこのクルマは2ℓで300PSも出してますよ。300PSといったら930の3.3ℓターボと同じパワーです。

福野　ベアリング荷重の不利を承知でパワーを出してるってことです。つまり3番ベアリングの耐久性がこのエンジンのネックでしょう。ようするにエンジンの観点からだけ言ったら水平4は水平6よりいろいろ不利で、同じモジュラーエンジンでも直6→直4の落差より不利性は大きい。6気筒比較ならば水平対向のやや勝ちだけど、4気筒比較なら直4のほうがずっといい。

永田　やっぱ水平対向4気筒だめだめなんじゃじゃないですかあ。

福野　ターボ化すれば低く短く軽くパワーが出せるんで、スポーツカーエンジンのパッケージとしてはわりと理想的だと思います。

永田　だからどっちなんですか。

福野　クルマはトータルバランスです。エンジンとしての振動特性や燃焼としては水平4より水平6のほうがいいし、それよりV12のほうがいろいろいいけど、クルマはエンジンじゃ決まらない。とくに運動性が命のスポーツカーではエンジン単体よりトータルパッケージの方がずっと重要です。

永田「夢のスーパーカー造るなら車重1t＋2ℓ4気筒ターボ」って、前に言ってましたもんね。

福野　私の脳内妄想では水平対向ではなくゴードン・マーレーのBT55みたいに「直4ターボ横倒し」で考えてました。直4なら偶力も出ないし排気取り回し問題もない。

浜崎橋から環状線外回りへ入る。合流でちょっと加速。

永田　なんかこの新しい4気筒ってちょっと「どっかんターボ」系ですよね。

福野　2ℓシングルターボで300PS出すために、A／Rの大きなターボつけて過給圧も上げてるんで、さすがに最新のターボユニットでもトルクの立ち上がりのレスポンスや低中速域のパワーを犠牲にせざるを得ないんでしょう。ここがこのクルマのエンジンチューニングの一番嫌なところです。

永田　2ℓにしては速いと思いますが、日常的に使う速度域の加速にもうちょっとパンチが欲しくなりますね。

福野　その通り。BMWの330iは1630kgの重い車体に258PS／400Nmの2ℓターボを積んでますが、1〜4速のギヤリングをそれほど下げずに低速／低アクセル開度からしっかり力強い加速感が出せてます。このクルマもターボを低中速型に変え過給圧下げて260PSくらいにすれば、俄然低中速のレスポンスはよくなるでしょう。BMWはレシオカバレッジが広くて以心伝心＋瞬間変速制御の神AT＝ZF8HPにもかなり助けられてますが、ポルシェのDCTはトルク増幅がないから発進の瞬間で不利だし、ショックレス変速のためにエンジンと変速時協調制御してるんで、スポーツカーとしては妙に変速が間延びしててかったるい。

永田　けど260PSまで下げたら絶対性能が低下しちゃいますよねえ。

福野　そんなもんボディ軽くすればいいだけの話ですよ。70年の914／6は2ℓの6気筒積んで車重985kgだった。これは2ℓ4発で1390kgもある。どう考えたって重すぎ。車

重がもしこれで1tだったら215PSでいまと同じパワーウエイト比が出せます。215PSでいいなら低速レスポンス出せるし、ついでにコーナリングもブレーキングも乗り心地も画期的によくなる。

永田　せめて初代ボクスター（1996年）の1270kgくらいの車重だったらいいですね。

福野　スポーツカーが軽量効果の天使のサイクルに乗れるのは1t切ってからですね。車重が1t切ってくるころから、パワーウエイトレシオでもコーナリングでもブレーキングでも乗り心地でもヨー慣性モーメントでも運動性全般でどんどん有利になって、エンジンも剛性もブレーキもタイヤもサスも、軽量で簡素なスペックで成立するようになり、さらに車重が軽くできるようになる。逆に1.3t超えるくらいからパワーを出さないと加速しないし、同じ条件でも加振力が大きくなる（力＝質量×加速度）からボディ剛性もサスの剛性も上げないといけないし、局部剛性上げないとダンパーが作用しなくて乗り心地悪くなるし、ヨー制御やトラコンなどの操安性デバイスの助けがいるからさらにクルマが重くなり、クルマが重くなれば運動エネルギー（＝速度×質量の二乗）も大きくなるからブレーキを強化しタイヤを太くし衝突安全デバイスもより強固にしなければいけないからさらに重くなる。これが「悪魔のサイクル」。

永田　1000kgから1300kgの範囲は天使でも悪魔でもないということですか。

福野　ぼんやり造れば2〜2.5ℓ2座スポーツカーはだいたいそれくらいの車重になるわけですから**「天使でも悪魔でもないけど、なんの脳もない設計」**ということですね。

夜10時前の首都高2号線下り線は交通量が少なく安全だ。コーナーがきついから制限速度＋αの常識的な速度で十分操縦性のフィーリングがつかめる。

福野　うん。なるほど。確かに操舵の瞬間に重心の低さは感じますね。前後トレッドの平均1525㎜に対して、水平対向エンジンの重心高は地上から300㎜ないくらい、しかもオープン車体でしょ。トップ開けてるこの状態だと車体重心高は450㎜切ってると思います。テスラほどじゃないけど重心低い。

永田　えーと「地面より高いところにある重心点にコーナリングで生じた慣性力が加わるから左右の荷重移動が生じ」「サスにばねがついているからそれによってロールが生じる」んだから「重心位置が高いほど荷重移動量が大きくなってロールも大きくなる」ということでしたね。ロールを生じる力（ロールモーメント）を小さくするには「トレッドを広げるか」「重心高を下げるか」。

福野　**「コーナリング時左右荷重移動率＝重心高÷トレッド×求心力」**です。

永田　そこがまさに水平対向エンジンのメリットなわけですが、ミドレイアウトのもうひとつの運動性に関するメリットはヨー慣性モーメントの低減です。アホなセンセの「羊羹性モーメント」の話がありました。なんでしたっけ。

福野　「質量は寸法の3乗に比例するが、ヨー慣性モーメントは寸法の5乗に比例する」です。クルマが一定の密度の物体なら、寸法を縦横高さそのまま80％に縮小すると重量は元の51.2％になるが、ヨー慣性モーメントは32.8％になる。実際のクルマはいろんな部品の集合体で、重い部品もあれば軽い部品もあるし重心からの距離も様々なんで簡単に計算はできませんが、実際の計測値でみるとおおむねヨー慣性モーメントはボディサイズに比例しているとはいえる。

永田　実測値ではガヤルドよりFFのアウディTTのほうがヨー慣性モーメントは小さいんでしたね。

福野　ミドシップのボクスターよりもマツダ・ロードスターの方がヨー慣性モーメントの実測値は小さいんです。実際こうやって運転していても「重心が低くてロールモーメントが小さい」という感じはしても、ヨー慣性が低くてターンインのレスポンスが速いという感じはあんましない。むしろちょっとリヤの重さと追従感の遅れを若干感じます。

永田　それはどういう。

福野　昭和の自動車評論家なら「リヤサスの横剛性が」とか「リヤのグリップが」とか表現したでしょうが、まあこれはボディ剛性でしょう。

永田　オープンですからねえ。「オープンにするとボディのねじり剛性はざっと半分になる」でしたね。

福野　（S字コーナーを抜けていく）うーん。これは……。

永田　やっぱコーナリングするとケイマンのほうがいいし、911はもっともっとずっといいですよね。「911を最高峰にするためにミドシップのボクスターとケイマンはわざとオープンとかハッチバックにしてボディ剛性を下げている」っていうのが一般論ですが。

福野　ははは、いまやそれは「一般論」ですか。私はボクスターが登場した瞬間からそう書いてきましたが、たとえオープンやハッチバックだったとしても、911と兄弟車にさえしなければもっといいクルマにできたと思いますよ。「911共用」という足枷が一番大きい。ボクスターに乗っていつも残念なのはそこです。「オープン2座＋水平対向4気筒＋ミドシップ」というポルシェ原初の形式は造り方次第では素晴らしいファンカーになれるんだから。

ここまでのまとめ

ポルシェの原点はVWタイプ1＝ビートルの水平対向4気筒パワートレーンを利用した356。「356-1」の名で知られているポルシェ最初のプロトタイプは、タイプ1のRR用パワートレーンを前後逆向きにミドに搭載したオープン2シーター・スポーツカーだった。

したがって718はミド＋オープン＋2座＋水平対向4気筒という基本スペックにおいてポルシェの基本の基本に先祖帰りしたモデルともいえなくもない。

新設計4気筒は、6気筒のモジュラー設計。2ℓ版のボア×ストロークは3ℓ6気筒と共用（91×76.4㎜）、2.5ℓ版は3.8ℓ6気筒と共用（102×76.4㎜）。「火炎伝播速度の限界はボア100㎜」という知見があるから、2.5ℓ／3.8ℓはポルシェ伝統の「限界ビッグボア仕様」である。

水平対向エンジンレイアウトは直列より重心が低く、さらに左右で対向するシリンダー同士の中心間距離＝バンクオフセットが片バンクのボアピッチよりも小さいため、直列エンジンよりクランクシャフトを短くしてエンジン全長をコンパクト化できる。6

気筒ではクランクの設計を等間隔点火用にすれば、排気を片側づつまとめるだけで脈動効果が使えてパワー的にも直6に拮抗できる。往復運動するピストンの慣性力で生じるエンジン振動も直6同様各気筒の動きによってバランスされているので並進力／偶力は1次／2次ともに出ない。

水平対向4気筒はそれに対してバランス的にがっくり落ちる。

クランクを等間隔点火で設計してもピストンの往復慣性力による2次偶力（＝エンジン回転の2倍のサイクルで生じるみそすり振動）が生じるし、1番＋2番シリンダー、3番＋4番シリンダーの排気をエンジンをまたいで連結しないと4-2-1排気にできない。不等間隔排気にして気筒ごとに出る性能が異なる仕様に甘んじるか、エンジンを持ち上げて等間隔排気にし重心高の低さを犠牲にするかの二択だ。

直列よりエンジン全長を短くできるというのは、裏を返せばベアリング幅が狭くなるということ。水平対向4気筒で等間隔点火にすると2番ピストンと3番ピストンが同期して左右同時に上下するため3番の軸受け荷重が厳しくなってパワーが出せないか、ベアリング耐久性に妥協を強いられる。

同じ水平対向でも6気筒と4気筒ではエンジンの素性が大きく異なる。**4気筒同士の比較なら直4のほうがはるかに資質がいい**。

もちろんエンジンが短く低く軽ければスポーツカーにとっては重心高低減、ヨー慣性モーメント低減など運動性の資質の向上に直結するのだから、エンジンスペックだけではスポーツカーは決まらない。

718ボクスターをワインディングで運転すると確かに操舵の瞬間に重心の低さを感じる。ただし**ポルシェの伝統通り、ボディの剛性感は高くない**。ミドシップレイアウトのメリットとしてよく掲げられるヨー慣性モーメントの低さもボクスターではさほど顕著に感じない。メーカーの実測データでも**987ケイマンのヨー慣性モーメントは約2000kgm²あって、1500kgm²しかないマツダ・ロードスター（NC）に遠くおよばない**。ポルシェは987→981（＝718）でボディサイズをさらに拡大したが、ロードスターND系はサイズを据え置いてヨー慣性低減化（重心から遠い位置をより軽量化する）を行ったから、その差はさらに開いているだろう。

ただし**ヨー慣性モーメントが効くのはヨーイングが生じている間だけ**（コーナリングの最初と最後だけ）で、これで運動性のすべてが決まるわけではない。

公道での常識的な走行で気になるのは低中速のパンチ不足だ。

86/BRZとは反対に、パワーよりも低重心効果をとった不等間隔排気（＝運動性としてはこれで正解）のせいでぼろぼろと排気音がばらつくのに加え、低中速回転域でパワー感が乏しく、低アクセル開度からの踏み込みに対するレスポンスが現代最新ターボとしてはかなり鈍い。2ℓで300PSという最高出力を出すためA/Rの大きなターボをつけ過給圧を上げ、エンジンを高速型にしたことの代償だ。

しかし抜本的な問題はエンジンではない。1390kgもあるこの車重である。

もし718の車重が1969年の914と同じ940kgだったら、同じパワーウエイトレシオを達成するのに必要なエンジン出力は205PS

でいい。205PSでいいなら現代のターボ技術を駆使すれば、アイドリング回転域から間髪置かずにトルクが立ち上がる超絶レスポンスのエンジンが作れる。ついでに940kgなら、コーナリングとブレーキングと乗り心地と運動性とボディの共振周波数が自動的に向上し、燃費とCO_2排出量が低減し、ボディ構造もブレーキもタイヤもサスもより軽量で簡素なスペックで成立するようにな

り、さらに車重を軽くするポテンシャルが生まれる。そういうのを「傑作車」というのではないのか。いまのポルシェのようなのは「駄っ作車」というのではないのか。

歴代ポルシェのパッケージを世界初？比較

ボクスターの試乗を終えて編集部に戻った。

福野　ありそうでない資料を作りました。最初が4気筒版、2枚目がレーシング版。

永田　お～ビートルから始まって現代に至るポルシェのパッケージの変遷ですか。

福野　版権問題のないメーカー発表図版をあちこちから拾ってきて、同じ縮尺で並べました。全車リヤ／ミドエンジンなので後輪軸で位置を合わせてあります。残念ながらポルシェは最近こういう図版を作らなくなったので、一番下の現代のポルシェは987と996で代用してますが、それでもどんだけポルシェが巨大化しているかはっきりわかります。

永田　981＝718と991はさらに大きくなってますからね。これ見ると車重が1300kgとか1500kgとかになってしまっているのも仕方がない気もします。

福野　いまさらポルシェの悪口なんか言ってファンに嫌われたり敵を作ったりなんかしたくないんですが、少年時代に「スポーツカーはパッケージと軽さと低さが命」という真実を私に教えてくれたのは、他ならぬポルシェ、そしてロータスですからね。スポーツカーの秘密の半分はポルシェが教えてくれた。だからこんな図版を作りたくもなる。**あんたらいったいなにやってんの、昔のあの理想はどこいった**んと。

永田　ビートルもでかいんだなあ。

福野　**この図を一望すると天才がひとりいることがわかります**。ビートルを作ったフェルディナンド・ポルシェです。前輪の上にスペアタイヤとトランクルームを、後輪の上に荷物置き場をそれぞれ配置し、空冷化と水平対向化で極限までコンパクト化したパワートレーンを車両後端部に押し込み、前輪から後輪までの空間はすべて4人のための居住スペースです。天井は高く窓は大きく、それでいて全体は空力学的なフォルムに包まれています。車重は軽いがリヤエンジン

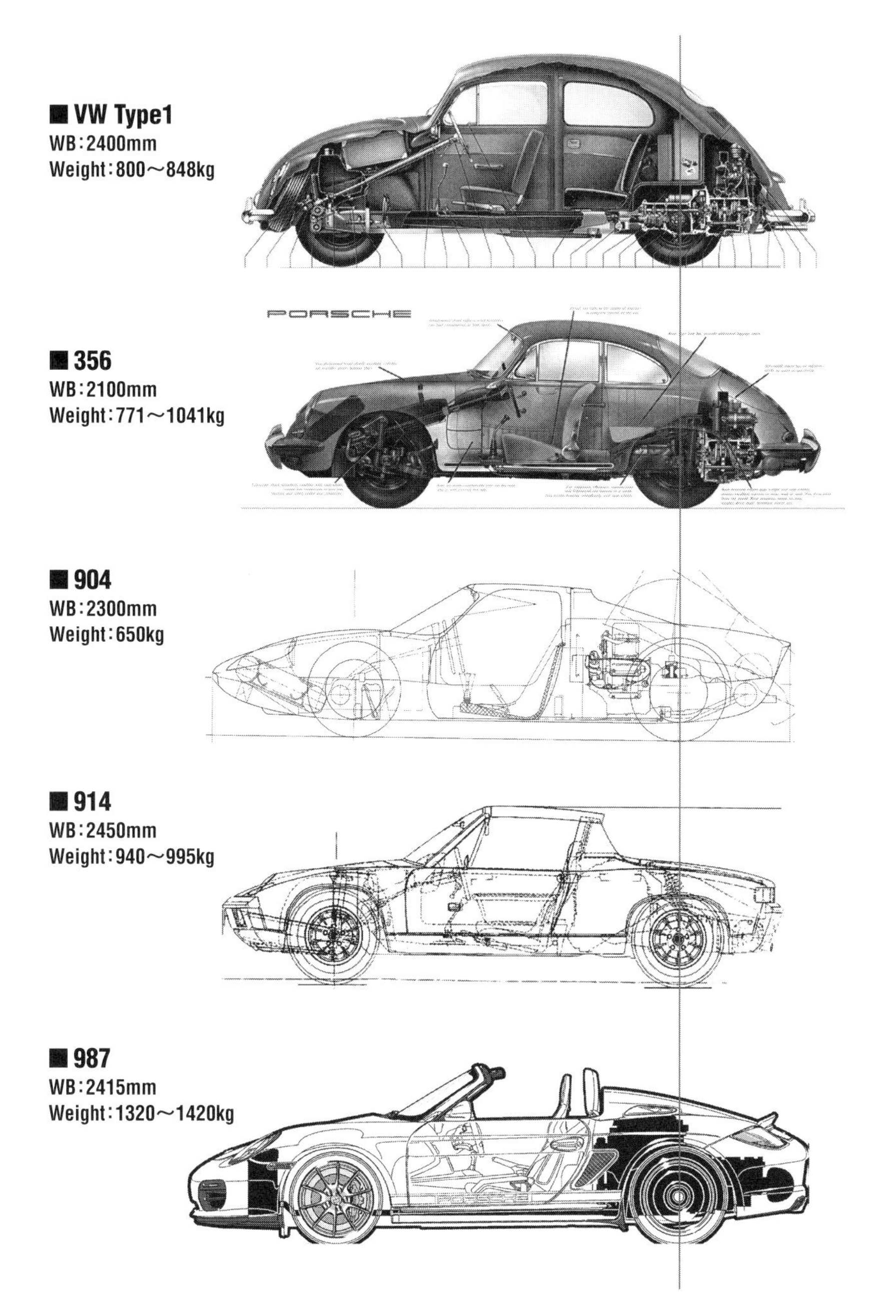

4気筒系パッケージ比較（本文解説参照）。781はパッケージ図が存在しないので987のもので代用。987→981（781）でボディサイズはやや大型化したがパッケージはほぼ変わっていない。

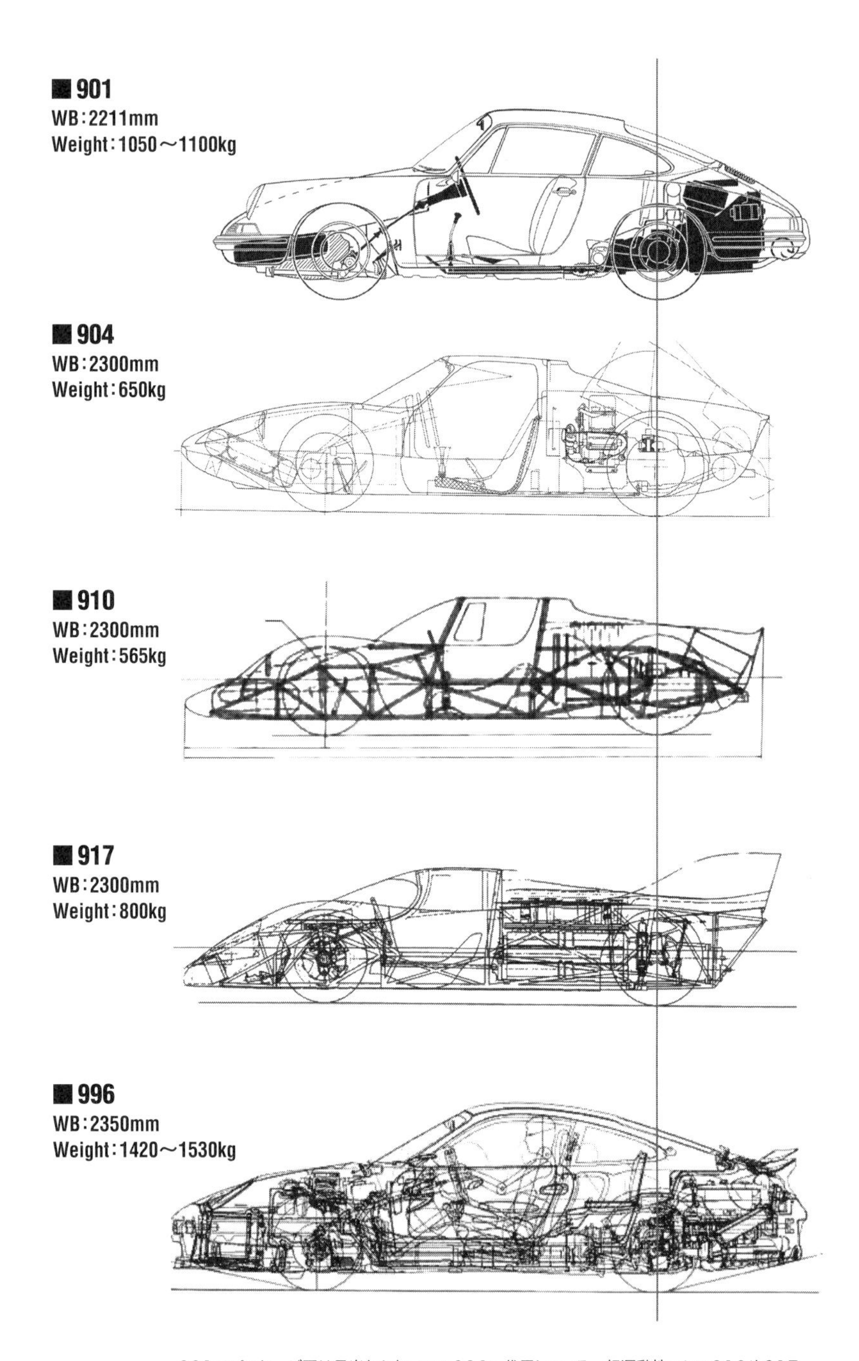

991のパッケージ図は見当たらないので996で代用している。超運動性マシン910や917に比べていかに破滅的に巨大かわかる。917の12気筒パッケージ、これぞ本物のSuperだ。

後輪駆動なのでトラクションが出ます。これを「天才の設計」というのです。タイプ1に匹敵する設計の乗用車はアレック・イシゴニスのミニだけ。

永田 こうして比べると356はそのビートルを2+2にしてホイルベースを短くし車高を低くしただけですね。驚くほどそっくりです。スペアタイヤの搭載の仕方まで同じ(笑)。

福野 901(=911)も基本は同じですね。エンジンを6気筒にしたからエンジン寸法がリヤに肥大化、それとバランスを取るため前輪を前に出してバランスをとっただけ。前後席の位置とステアリング位置はほぼ同じです。しかしここに出てくるのが356の開発のときに断念した2座ミドシップの復活である904(1963年)です。356のレイアウトを完全に一新、ホイールベースを大きく伸ばしパワートレーンを前後逆転してミドに搭載、人間はちょうどホイールベースのド真ん中に座る完璧なスポーツカーパッケージ。911は1963年にこういうスポーツカーに進化すべきだった。356をRRにしたのは大きな誤りだったが、戦後すぐの時代に敗戦国が2シーターを作れなかった心情は理解できる。しかし**1963年に911をうすらでかいRRにしたのはスポーツカーの犯罪**です。

永田 1969年にそれを914で実現した。これを見るとレーシングカーとして作られた904とVWが生産・販売した乗用車の914が事実上同じパッケージのクルマであることがわかります。ちょっと感動です。

福野 904と914はパワートレーン搭載位置、シート位置、ステアリング位置などパッケージのツボがほとんど同じです。ホイールベースを前方に150㎜伸ばしたのは911用を流用した前サスレイアウトとトランクスペースのからみでしょう。

永田 なんか「904」「914」という車名まで関連していたのではないかという気がしてきました。

福野 注目は図2の上から3番目、910の設計です。ホイールベース(2300㎜)、シート+ステアリング位置も904と同じですが、着座位置を下げてルーフを限界まで低くし、バルクヘッドの隙間を生かして911用の6気筒エンジンを押し込んでいます。さらに904の鋼板溶接シャシーをチューブラーフレームに変えシャシーの捻り剛性を2.4倍(100kgm/度→240kgm/度)にしたうえ、車重を100kg軽量化した。**ビートルが居住性とトラクションの天才なら、こちらは低重心と軽量化の天才です。**

永田 565kgとはスーパーセブン並みですね。

福野 910は耐久レース用だから、各部に安全率を盛り込むと残念ながらこれ以上軽量化できず、こんなに重くなっちゃったんですね。短距離のヒルクライム用の910ベルクスパイダーはオープンで車重410kgです。410kgなら2ℓNAで275PSしかなくたって結構速いのでは。

永田　(絶句)。

福野　910の下が伝説の917。よく見てください。ホイールベースは4気筒の904や6気筒の910と同じですが、着座位置を約350㎜前進させて座席背後に12気筒エンジンを搭載しています。71年最終型は4.9ℓ／630hpのエンジンを搭載、120ℓ燃料タンクと55ℓオイルタンクを満タンにしてもレギュレーション規定に34kg足りない766kg。仕方ないんでル・マン24時間にはウエイトを積んで出走しました(→優勝)。**たかが630PSでも車重766kgなら結構速いと思います**。

永田　怪物ですね。

福野　ホイールベースを2500㎜に伸ばしオープンボディ化して最大過給時1580PSの5.4ℓ12気筒ターボを積んだ917／30というクルマもありました。車重840kg。私は少年時代、こういうのをスーパーカーというんだと思ってました。少なくとも中学3年生(＝1971年)のころの私が「車重1800kgで700PSのスーパーカー」なんてスペックを聞いたら大爆笑してましたね。

永田　うーん、996でかいです。ポルシェに

限らずいまのクルマはみんな巨大化してますが、いったいなぜでしょう。時代の要求はむしろエコなのに。

福野　エコだサスティナビリティだってヒステリックに要求するから「あえてデカく重く馬力のあるバカグルマを作って世間をあざ笑う」というのもスーパーカーの演芸ってこともあるかも。スポーツカーに馬鹿芸のエンタテイメントを足したのがスーパーカー、クルマの背徳の結集、ようするに馬鹿の権化だからね。「クルマが年々大きくなるのは人間が年々巨大化してるから」と大真面目に答えたBMWのエンジニアもいましたが、確かにスポーツカーの巨大マーケットのアメリカでは年々人間が巨大化してる。それを勘案せずに20世紀の平均体重で離陸重量を計算した結果、墜落した飛行機もある（2003年1月8日エア・ミッドウエスト5481便墜落事故 乗員乗客21名死亡、1985年12月12日アロー航空1285便墜落事故 乗員乗客256名死亡など）。

永田　コルベットのとき「これ以上車高低くしたらいまのアメリカ人は乗れない」という話題が出ましたね。でも真面目にいうと巨大化の原因は衝突安全対策では。

福野　何度も同じことを言って恐縮ですが、衝突時の速度をゆっくりとゼロにしていくにはある程度の「距離」がいります。長いクルマはその点有利です。ただし長いクルマは重くなりやすいから、同じ速度でぶつかっても吸収しなきゃいけない運動エネルギーが大きくなってクルマの構造が複雑化して重くなりやすい。

永田　まったくなにやってるんだかわからんですね。

福野　ああ、あといくら衝突安全設計やっても100km/hで壁にぶつかれば間違いなく死にます。

永田　確かに。

福野　クルマの設計ミスや製造ミスで事故などが起こると「決してあってはならないこと」と報道するくせに、大きな交通事故に巻き込まれて助かった方がいると「奇跡的に無事だった」とほざく馬鹿マスゴミ。「衝突安全設計のおかげ」といえこのアホ。

永田　はははは。

福野　真面目にいうとクルマがデカいのは「なにも考えてないから」です。設計者が漫然と従来型を改良することで新型を設計し、かつてポルシェ博士やダンテ・ジアコーサやコーリン・チャップマンや偉大なレーシングカーの設計者が心に思い描いたような夢を失っているからです。物理の夢と理想を思い描いて設計すれば、車重の問題だって衝突安全の問題だって解決できる。**いまのスポーツカーがダメなのは「やる気がない」からです。**

永田　そういえばマーレーのT50の設計の詳細がまた公開されましたが、福野さんの推察、怖くなるくらい的中してましたね。

SPECIFICATIONS

ポルシェ718ボクスター

■ボディサイズ：全長4385×全幅1800×全高1280㎜　ホイールベース：2475㎜　■車両重量：1390㎏　■エンジン：水平対向4気筒DCHCターボ　総排気量：1988cc　最高出力：220kW（300PS）／6500rpm　最大トルク：380Nm（38.7kgm）／2050〜4500rpm　■トランスミッション：7速DCT　■駆動方式：RWD　■サスペンション形式：Ⓕ&Ⓡマクファーソンストラット　■ブレーキ：Ⓕ&Ⓡベンチレーテッドディスク　■タイヤサイズ：Ⓕ235/45R18 Ⓡ265/45R18　■パフォーマンス　最高速度：275㎞/h　0→100㎞/h加速：5.1秒　■価格：768万円

09

RRかミドか
2＋2座＋水平6気筒ターボ＋RR2駆
の最新版992に乗りながら
スポーツカーの正義を議論する

ポルシェ 911 カレラ

2020年1月22日(水)夜8時、永田と福野は真っ赤なポルシェ911カレラSに乗って銀座中央通りGINZA SIX前の大渋滞にはまっている。一枚のショットを撮影するためまったく動こうとしないクルマの列に20分近く並ぶ羽目になった。

永田　いきなり渋滞ですが、どうですか992の第一印象は。

福野　ははは、そりゃ第一印象めっちゃ悪いですよ(笑)。スポーツカーは渋滞で乗るもんじゃないんで。

永田　でもステアリングとかペダルとか軽いから渋滞も苦じゃないですよね。

福野　そもそも渋滞で乗るもんじゃないから、そんなのスポーツカーの得点にはしません。

永田　でもオーナーの皆さんは911を普段使いしてますし、最近は女の人が運転しますから操作が軽いのはメリットじゃないですか。

福野　スポーツカーの正義にジェンダーは関係ないでしょう。911や930の時代は確かにペダルはもっと重かったしステアリングにもキックバックがありましたけど、女性の911ユーザーだってたくさんいましたよ。

永田　でもさすがにヒールじゃ運転しないでしょ。

福野　もちろんみなさんローファーに履き替えて運転してました。グッチのホースビットが定番でしたけどね。エレガントな身のこなしで履き替えてコクピットに座るのがまたカッコよかった。ヒールはおしゃれのためのファッションですから、それで運転できるスポーツカーなんか作る必要ない。それこそジェンダー差別です。スポーツカーはスポーツカーとして評価します。

永田　街乗りが楽だからってスポーツカーとしての格が上がるわけではないとは思います。

福野　このブレーキはちょっと軽すぎですね。踏力が軽くてストロークがほとんどないのに、低速でサーボのジャンプ特性がピーキーだから、踏んだ瞬間に制動力が立ち上がってかっくんブレーキになる。渋滞での運転で評価するなら、かなり神経を使うクルマです。

永田　……。

福野　いいのはドラポジ。高めに座って視界がよくクルマがとてもコンパクトに感じるし、インパネに吸い付くようなステアリングの位置、ちょっと離れて直立したフロントガラス、直立したサイドガラスなんかは昔の911や930と似てます。古いユーザーにとっては古巣に戻ってきたようなしっくり感と安心感でここはすごくいい。ただスーパーカー的な雰囲気はゼロですね。カローラみたいな雰囲気です。

ようやく渋滞から解放され霞ヶ関ランプから首都高速・環状線内回りへ。

福野　ステアリング(EPS)の操舵力もスポーツカーとしてはちょっと軽い。リヤのトラクションが大きいから操舵と同時にプッシュアンダーが出てセンターから反力が立ち上がって操舵応答感は明快、スリップアングルがついてからコーナリングフォースの立ち上がってくるまでのレスポンス(その度合いがコーナリングパワー＝CP)がマイルドでいいです。昔の911と違ってキックバックはゼロです。

永田　本車はグッドイヤーのEAGLE GTです。フロントが245/35-20、リヤが305/30-21。純正装着タイヤは他にピレリもあるようですが、グッドイヤーはどんなイメージですか。

福野　CPがやたら高くて「切りゃ曲がる高性能タイヤ」というのも世間にはありますが、そういうのは操舵とコーナリングフォースに人間との対話がないダメタイヤだと思います。グッドイヤーはいつもそこがなかなかいい。手応えでタイヤと相談しながら切っていく感じがあります。だからこうやって1cmをねらって攻めていけるんですよ。ダメ高性能タイヤは最初から狙いつけて超正確に切り込んでいかないとコーナーをトレースできないからすごく疲れます。

永田　褒めていただけてほっとしました(？？？)。

環状線内回りから首都高2号線へ。ボクスターで試乗した東京ニュルブルクリンクだ。

福野　ステアリングを切り込むと、しなやかにフロントがロールしてヨーが素早く立ち上がる。あとリヤの追従感がいい。クルマの挙動に非常に前後一体感があります。ホイールベースが短い(＝2450㎜)のに加えてフロアの横曲げ剛性もすごく高い感じです。

永田　鋼板＋アルミのハイブリッド構造という点では991と同じですが、アルミの採用率が重量比で70％になってボディ剛性が大幅にアップしたということです。

福野　シャシのこのかっちりしたソリッド感は、アルミ構造を最適化したクルマ特有ですね。何度も同じことを言いますが、アルミは一般的には「ヤング率が低いから鉄と同じ剛性にしたいなら軽量化はできない」という材質ですが、実際の車体構造では設計を最適化したり押出成形材を駆使したりすると剛性面にメリットが出てくる。ただしその場合も軽量化はあまり期待できない。
永田　アルミの軽量化メリットが現れているのはドアやフェンダーやボンネットなどの面材だということでした。
福野　そうです。いずれにしても重要なのはボディに対して実際どういう方向からどういう力が加っているのかというデータですね。それが不正確なら最適化度も高くできない。ここ10年FEM解析がものすごく進化してシミュレーションの精度が比較にならないくらい上がってきたので、そこが991→992のこの圧倒的な差になったのでしょう。別のクルマみたいに生まれ変わっています。
永田　本当によくなりましたよねえ。
福野　逆に言えばついこの間までみんなでべたべた褒めてた991がどんだけひどかったかってことですよ。私にはとてもじゃないけど正直なインプレなんて書けませんでした。今回のこれでやっと現代に通用するレベルになったと思います。CFRPモノコックのクルマや床全体がバッテリーでできてるクルマにはまだまだ遠くおよばないけど。
　2号線を走る。
永田　トラクションどうですか。そこが前回のボクスターのミドレイアウトとの最大の違いですよね。
福野　(アクセルを踏む)トラクション云々ってよりもまず、エンジンのピックアップの差の方がフィーリング的にはぜんぜん大きいですね。718ボクスターの2ℓターボはパワーを出しすぎてて(300PS)どっかんターボ的に低中速のレスポンスがよくなかったですけど、こちらは排気量が3ℓあってターボもVGになってるんで、同じ150PS/ℓでもピックアップがはるかにいい。まあこの程度のジャークではいまや驚かなくなってしまいましたが。
永田　それいうなら3.8ℓの「ターボ」もってこないと。
福野　60km/hまでの加速なら711万円のテスラ・モデル3に負けますね。
永田　いえいえ0→60km/hなんてスーパーカーの戦いじゃないですから。
福野　快感というのは絶対速度ではなく、速度の変化とコーナリングで決まります。絶対速度がそんなに快感なら新幹線や飛行機に乗った乗客は全員快感で悶絶するはずが、みんな退屈してふて寝してますよね(笑)。**人**

間が感じるのは速度ではない。「速度の変化」だけです。前後モーター式独立制御でマイクロセカンド単位でトラコンできるEVはトラクション効率を限りなく100%にできます。「RRだからトラクションがいい」なんて言ってる時代じゃない。ポルシェ自身だってタイカンでその事実を証明してるじゃないですか。

永田　でもEVは重量が重いですよね。その点で福野さんの論とは完全に矛盾してます。

福野　テスラの場合でいうと重量500kgのバッテリー重量がフロアに集中してる。だから同じ2トンでも内燃機関式自動車の2トンとでは運動性の条件はまったく違います。新しい「テスラ・ロードスター」が出てきたら世界中の内燃機関式スーパーカーはぶっ飛ぶでしょう。

永田　でも「エンジンじゃなきゃ面白くない」ってファンがまだ大半ですから。

福野　数年前まで「ガラケーのほうがいい」って方も案外大勢いましたね。いつの間にか死滅しましたが。

午後9時過ぎの2号線上りは交通量もまばら。猛スピードで追い抜いていくのは空車の個人タクシーだ。

福野　RRポルシェ乗ってこんなにいいと思ったのは、996が地獄に落ちて以来初めてだな。

永田　やっぱ乗り比べるとボクスターとはぜんぜん違いますよね。

福野　まあだからといって「RRはミドよりいい」という話にはならないですよ。ボクスターはスチール構造だしオープンだし、これと同じ条件でミドにしてくれないと比較はできない。

永田　でもこの出来でミドにしたらそっちの方がよくなっちゃって、911のメンツが潰れちゃうじゃないですか。

福野　これだからポルシェ・ファンは面白い。「RRであることが911の条件」なんて、ただの販売上の戦略でしょ。スポーツカー的機能の帰結じゃないですよ。1988年にバイザッハに行ったとき、ホイールベースの真ん中でリヤ部分をそっくり交換して「ショートホイールベース+4座+RR」と「ロングホイールベース+2座+ミドシップ」を比較できるようにした試作車を見せてくれたことがありましたが「どっちがよかったですか？」って聞いたら、呆れた顔して「ミドの方がよかったに決まってんでしょ」って。

だけど最終的には964は930同様にRR続投、「ロングホイールベース＋2座＋ミドシップ」のプロジェクトはフロントセクションを911と共用するオープンボディで廉価なボクスターにさせられた。ようするにそれは経営的判断ですよ。技術的な判断じゃない。911の唯一のメリットはリヤシートですが、実際問題物理的に誰も座れないんだからこんなのただの物置でしょ？　**911というのは物置のために世界で唯一RRを採用したスーパーカー**ということですが、メーカーもファンもなぜその事実にそんなに意固地になるのかまったくわかりません。昔のフェアレディZみたいに、同じ車名で2シーターと2＋2を作り分ければいいだけの話じゃないですか。

永田　同じ「911」でですか。

福野　バイザッハでテストしてた試作車の通り「ショートホイールベース＋4座＋RR」と「ロングホイールベース＋2座＋ミドシップ」を両方作って「911」と呼べばいい。そもそも911や930とはまったく別の機械である996や997や991だって「911」って呼んでるんだから、ようするになんだっていいわけですよ車名なんて。クーペとカブリオとタルガを作り分け、ボクスターとケイマンを作り分けてるんだから、作る手間だっていまとまったく変わりません。スーパーカーが欲しい人は2座ミドの911、物置が欲しい人はこれまで通りの2＋2の911を買えばいい。カッコだってZほどは変わらないと思いますよ。

永田　考えてみたこともなかったです。でもトラクションはRRのほうが有利ですね。

福野　トラクションなんて4WDを選べばどっちだって同じですよ。それにμの低い公道では機械的トラクションに加えて、トラコンの制御が実際の加速性能を大きく左右します。どのみち前後モーター独立制御のEVには死んでもかなわない。ヨー慣性モーメント増大と引き換えに手に入れるRRのトラクションなんか、はっきり言ってもはやこだわる価値ゼロですよ。

永田　そう言われちゃうとなんか残念な気がしますが。

福野　残念なのはこっちですよ。ポルシェのスポーツカー・ファミリーの大欠点は、ボクスター／ケイマンのせっかくのミドシップレイアウトが、911の存在に邪魔されてパッケージでも妥協を強いられていることです。

永田　ボクスター／ケイマンはどのあたりで妥協させられてますか。

福野　大容量のガソリンタンクをフロントに積んでること。あれはRRでなんとか前軸荷重を増やすためのやむを得ない手段だからね。ボクスター／ケイマンはせっかく重心高の低い水平対向エンジンをミドに積んでるのに、フロント搭載燃料タンクでヨー慣性デカくなってロードスターに負けちゃってる。クルマの部品で一番重いパワートレーンをミドに積んだら、2番目に重くて重量が変化する燃料タンクもミドに置く、これがミドシップカーの設計の常識です。ミドタンクなら燃料残量の操縦性への影響も少なくできる。フロントに燃料タンクあったら衝突時に燃料漏れする可能性があるから、設計的には最悪です。RRだから仕方なくフロントタンクにしてるだけ。

永田　車両の前半部を911と共用してるボクスター／ケイマンは、911がRRの重量配分を補正するために使ってきたフロントタンクを共用させられているってことですね。ヨー慣性モーメントは重心からの距離の2乗に比例して増大するから、せっかくミドにしてるのに燃料タンクのせいで運動性の資質が下がっちゃってると。ミドやRRにすると重心高が低くしやすいという話が前に出てましたが、356の出発の時点からポルシェはあまりそのメリットを活かしてない感じはします。

福野　はい。ミド／リヤエンジンならもっと着座位置を下げてコクピットの断面積をコンパクト化して低重心化できます。ボンネットを下げれば視界にも問題はない。そのパッケージレイアウトのお手本が前章のイラストで紹介した904と910です。ああいうクルマにできるのにしなかった。

永田　もちろん乗降性や居住性のためですけど。

福野　だから最初からスポーツカーじゃないんですよポルシェは。ポルシェの市販車は全部乗用車です。ポルシェが作ったスポーツカーはレーシングカーだけ。両方同時に作って、しかも作り分けてきたんだから、ポルシェ自身が一番よくわかってると思いますよ。

新型992の出来栄え

フルモデルチェンジした911＝992はとても出来がいい。

まず外観。

911は基本的には60年代のクルマのリクリエイションだからシルエットは不変、歴代のスタイリングの雰囲気はおもにディティールで左右されてきたが、今回は993以来ひさびさにシンプルでシャープに引き締まって見える。

夜の試乗で際立つのはボディパネルの出来だ。

照明が写り込むから3次元的な面形状とそれを表現しているパネルの平滑度が際立って、なめらかな曲面に包まれたボディが一塊の金属でできているかのよう。

ルーフ＋ピラー、ドア、リヤフェンダーはスチール。鋼板は引っ張り強度が高い＝降伏点が高いから加圧して塑性成形すると弾性による跳ね戻り現象＝スプリングバックが生じる。引っ張り強度が高い高張力鋼板(ハイテン材)ならスプリングバックもより大きい。このためパネルの縁部分の金型の3次元形状をあらかじめ深く絞り込んでおいて、スプリングバックしたときにCADデータとぴたりに落ち着くようにようにする。このあたりの塩梅は昔は経験値と職人芸だったが、いまはシミュレーションできるから簡単になった。992もその進歩の恩恵を享受したといえる。

アルミは縦弾性係数が鉄の3分の1しかないから、プレス成形はしやすい。アルミのボンネットとフロントフェンダーの成形が造形CADデータに非常に近いのは当たり前の話であってあまり自慢にはならないが、各パネルに連続した一体感があるのは継ぎ目のギャップが小さいからだ。

継ぎ目のギャップを小さくできるのはモノコックの精度が向上したから。プレスした板材を溶接し複雑な構造を組み立てるプレス鋼板モノコック形式は、治具でパネルを固定しながら溶接してもプレスの成形時の公差や溶接の熱歪みなどの影響で3次元的寸法精度を出すのが難しい。

モノコックの寸法精度が高くなってきたのは一般的に言ってここ15年くらい。それ以前は世界中どのクルマもモノコックの前端↔後端で軽く10㎜くらいの公差はあった。これをパネル同士のギャップの調整でごまかして、なんとかカッコにしていたのが長らくクルマの真相だった。「まあいっぺんに両側はみないからね」というのは長らく自動車工場のジョークだった。

992の外観が991に比べて画期的に良くなったのは、つまりクルマの生産技術の進化の反映だ。

夜の試乗ではインテリア全体のデザインとかインパネや内張の素材のシボや塗装や仕上げの質感、組み立て精度感などは気にならない。暗くて見えないから(笑)。かわりに音、振動、ステアリングのグリップ感、ペダルの踏力とストロークの関連などは昼間よりも良否が明確に感じ取れる。

スポーツカーの場合、NVH(騒音・振動・衝撃感)はさほどクルマの評価を左右しないが、992で夜の一般路を走っているとエンジン音が静かなぶんロードノイズがやや目立つ。

ざー、ごー、だー。ぞー。

ロードノイズとはタイヤが回転しながら路面の上を転がっていくときに生じる細かな振動がボディに伝わり、パネルからパネルを経て固体伝播し、最終的に内装材を共振させることによって空気の振動(=音)に変わる現象である。

ごーっとなっているのは実はおもに内装なのだ。

内装材の剛性や取り付け剛性が高ければ、部材の固有振動数が高くなるので振動に対して共振しにくくなり、ロードノイズは低くなる。拳固を握ってインパネやドアをどんどん、だんだんと強く叩いてみれば、内装材の剛性感の高低をうかがうことができる。100台くらい試すと、そのクルマのロードノイズのおもな発信源がどの部位か、なんとなくわかってくる。

992のインパネは拳固で叩いても、がっしりしっかりしていてコンクリ壁と木の壁の中間くらいの振動感だが、ドアがだめだ。だんだん、どんどんと響く。さらに強く叩くとばららん、だららんとどっかがびびっているのがわかる。ここがたぶんロードノイズのおもな発生源だ。

どこもかしこもがっしり作ってあればスポーツカーとておのずとNVHの一部は良くなる。ポルシェは昔から内装作りがへただったが、いまでも同じだ。

もちろんスポーツカーの命は走りである。

前後モーター駆動ハイパワーEVの凄まじいゼロ発進加速に比べれば、いまや911の全開加速やトラクションは自慢するほどのものでもないが、内燃機関式自動車に話を限るなら3ℓターボの低中速レスポンスは悪くなく、2輪駆動車に限ればトラクション感は良好、テスラを例外とすれば重心感もなかなか低い。

ステアリングは悪く無いが、スポーツカーの基準では操舵力がやや軽く、反力感もマイルドだ。ただグッドイヤーEAGLE GTのマイルドなレスポンスが幸いしてスリップアングルに対して徐々にコーナリングフォースが立ち上がるので、慣れてくるとコーナーへの進入は楽しい。

素晴らしいのは、前輪に横力が発生してハナの向きが変わり始めてから、後輪のグリップが立ち上がるまでのタイムラグがほとんどないことだ。前後一体感がすごい。何度も書いてきた通り、ボディの横曲げ剛性が高いからだ。

この10年でいったいどれくらいシミュレーション解析技術は進歩したのかというと、スポーツカー作りの長年のノウハウがちゃらになるくらい、といっていい。シミュレーションをがんがん回して設計した大メーカーのスポーツカー、例えばコルベットなどにポルシェはここしばらくクルマの出来で圧倒され続けていた。それが992になってようやく横曲げ剛性アップをはじめとした最新の解析結果をアルミハイブリッドシャシの改良に適用することができて、モノコックのポテンシャルを大幅に上げてきたといえる。

名前ばかりだったブランド車がやっと時代に追いついた。それが992。しかし時代の進歩は早い。

RRの操安性とイメージに関する口プロレス

永田　福野さん、結構992絶賛ですね。「これでミドならもっといいのに」なんて「ないものねだり」言ってますが、結局のところ絶賛ということですよね。

福野　「ないものねだり」じゃないでしょお。同じラインでボクスター／ケイマンつくってんだから。

永田　なぜ福野さんはそこまでミドシップ化にこだわるんでしょうか。試乗した感想でもトラクションの高さや機動力の高さを褒めていますよね。RRには理論的にはデメリットもあるでしょうが、タイヤのグリップ向上やトラクションコントロールとブレーキを使ったヨー制御などによって、実際問題RRのデメリットというのは完全に封印されているじゃないですか。だったらミドシップにこだわる必要はないんじゃないかと。

福野　封じ込めれば問題ないRRの操縦性とは「封じ込めないと大変なことになる」操縦性ということです。そこまでして得られるのは「人が乗れない後席」。あのリヤに乗れます？　乗れませんよね。911のオーナーはみなさんあのスペースを「物置」として使っています。911がRRであるたったひとつの理由があの物置です。RRにこだわるというのは物置にこだわってるのと一緒です。私がミドシップにこだわってるんじゃない。みなさんが物置にこだわってるんだ。もちろんスポーツカーの命は物置じゃない。走る・曲がる・止まるの運動性とそのイメージです。スポーツカー作るならそこを追求すべきでしょう。

永田　いえいえ伝統にもこだわります。RRは911の伝統です。

福野　「悪しき伝統」という言葉を知りませんか？　機能や理論や正義の観念に裏付けられた伝統を継承していくことは素晴らしいことですが、悪い風習はなくなったほうがいい。

永田　しかし実際問題、運転してて「いいクルマ」なんだから、なにが問題なのかわかりません。それに911はRRであることがスーパーカーとしての伝統のエンターテイメントでもあるんですよ。これをミドにしちゃったら他のスーパーカーと同じになっちゃって個性がなくなっちゃう。911ファンはほかにない独自性を唯一無二の伝統として誇ってるんです。

福野　私も似たような屁理屈言いながらポルシェの新車3台、中古2台買って乗りましたが、901〜930の時代の914とは違って(914はVWで生産)、いまは混成ラインで一緒にボクスターとケイマンを作ってるんですから「ほかにない唯一無二の伝統」なんてセリフにはぜんぜん説得力がない。**RRは「唯一無二の伝統として売るための販売戦略」というだけの話であって、スポーツカー機能の根拠じゃない**。ほかにない唯一無二の伝統がスポーツカーの運動性に帰属する特徴というなら説得力はありますけど、RRはそうじゃない。

永田　いやですからトラクションです。

福野　堂々巡りというやつですな。まあとりあえずデータをお見せしましょう。図1は「クルマの教室」の連載のときにエンジニアの方が持ってきてくれたデータで、自動車メーカーで実際にクルマのヨー慣性モーメントを測定した数値を「正規化」した値で比較したものです。「正規化したヨー慣性モーメント」というのは、実際のヨー慣性モーメントの測定値を、重心点から前後車軸までの距離から算出したヨー慣性モーメントの概念値で割った値です。「クルマのサイズや車重に関係なく設計を横比較することができる指標」と考えてください。グラフ左端の数値が「1」より大きい場合は「クルマの重量がホイルベースの外側に置かれている偏重的傾向が強い」といえます。これを見ると横置きFF、縦置きFR、縦／横ミドシップなどほとんどのクルマが正規化ヨー慣性モーメント1以下です。ところが右端の911だけ突出して値が大きいことがわかります。正規化ヨー慣性モーメント1.15ですよ。ほとんど「あり得ねえ」数字です。

永田　でもミドだっていまのFRと大差ないということでしたね。

福野　でかくて重くて衝突安全設計を盛り込んだ現代のクルマでは、FRとミドの正規化ヨー慣性モーメントにそれほどの差はありません。それにしても911だけは物置のせいで例外的に悪い。

永田　……。

図1

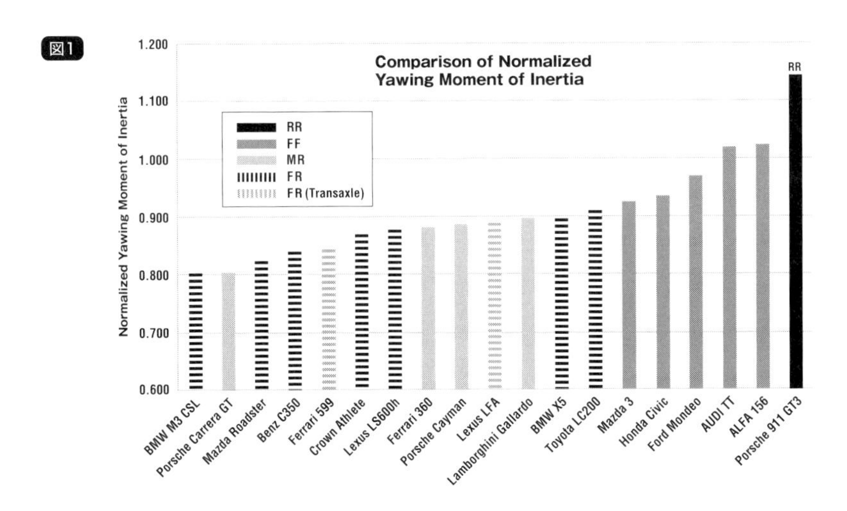

図2 左ミドシップ 右RR

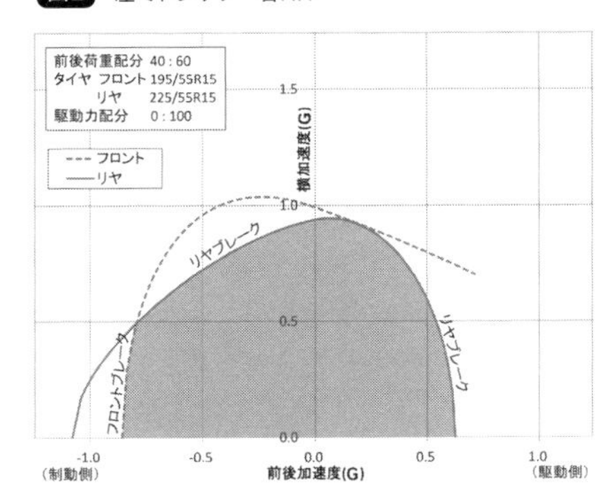

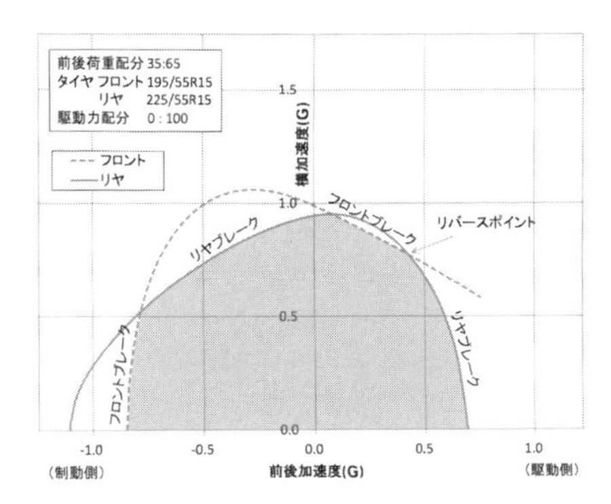

福野 図2も「クルマの教室」で使った図で、近畿大学准教授の酒井秀樹先生が考案し「前後加速度を伴うときの定常旋回限界特性の表示法」として日本機械学会に寄稿された論文をもとに描いたグラフで、やはりメーカーのエンジニアが作ってくれました。左がミド、右がRRです。ホイールベース、重心高、トレッド、タイヤなどの条件が同じシミュレーションのモデルの駆動方式と前後重量配分だけを変えてあります。この凸型のカーブは前後のタイヤが発揮できる摩擦力の限界です。ご存知の通りタイヤが発揮できるグリップ力は、路面が同じなら接地面に加わる荷重で変化しますから、グリップは車両の駆動形式と前後重量配分に大きな影響を受けます。これこそミドだ、RRだと言ってるこの議論の論点のひとつです。トレッドで生じる摩擦力というのはどの方向に対しても同じですから、加速や減速に摩擦力を使えば、横方向に使える摩擦力は

減ります。なので**縦軸に前後加速度、横軸に横Gをとってタイヤの摩擦力の限界を描くと､円形になるわけです。これが有名な「タイヤの摩擦円」です**。クルマのコーナリング性能は左右同じなので、酒井先生はそれを半分に切って横倒しにし、さらに前後のタイヤを重ねて表示しました。点線がフロントタイヤの摩擦限界、実線がリヤタイヤの摩擦限界です。一見難しそうですが簡単です。クルマがグリップ走行していられる範囲というのは灰色に塗ってある範囲内です。塗った範囲から点線が飛び出している場合、これは点線＝前輪のグリップはまだ余裕があるのに、リヤがすでに限界になってしまっているという状況です。すなわちミドでもRRでも限界コーナリングしながらブレーキをかけるとでリヤが滑ってオーバーステアになります。

永田　ミドでもRRでも同じような感じですね。

福野　RRはコーナリングに特徴があります。横Gが高い状況で加速すると、荷重の軽い前輪が先に限界になるんです。アンダーステア。いくらトラクションが高くても、前輪荷重が軽ければアンダーが出てクルマは曲がれなくなるんですよ。曲がれないならアクセルゆるめるしかないが、そうするとオーバーステアになってリヤが滑る。グラフ見るとアンダーステアとオーバーステアが2度も入れ替わってます。非常に扱いにくい操縦性です。いくら「高いトラクション」でもそれを使えるのは直進かそれに近い範囲だけなんですよ。

永田　ミドだって大差ないように見えますが。

福野　ここでヨー慣性モーメントのデカさが影響してくるんですね。RRはヨー慣性が大きいから、アンダー↔オーバー↔アンダーの操縦性の変化がより激しく出ます。だから制御がさらに難しい。ミドの場合はよく見ると、色ぬりの範囲がすべてリヤタイヤの限界によって決まってます。いわば「全域オーバーステア」ですが、全域オーバーならリヤタイヤのグリップを上げれば全域で限界が上がります。RRはリヤタイヤのグリップを上げると旋回加速時アンダーも強くなってさらに操縦が難しくなる。

永田　ですからトラコンと制御でそれを封じ込めるんですよ。

福野　言い換えれば「乗り心地の悪い超極太リヤタイヤを履き、さらに全域制御しないとまともに走らない」ということです。いいですか。それもこれも全部あの物置のためなんですよ。すぐとなりでミドシップ作ってるってのに。**もっといいものが作れるのにわざと作らない。これが真摯で誠実なエンジニアリングですか**。私は戦前にポルシェ博士がレーシングカーで試して成功したミドシップというレイアウトを最初の356で試作していたのに、発売時にはビートルと同じRRにして4座にしたときから、ポルシェというメーカーの自己矛盾が始まったと思っています。自分がいいと信じるものを作らなかった。本音と建前のその乖離はポルシェがミドシップのレーシングカーを次々に作ってレースで大活躍して名声を築き、356が911に進化するとさらに大きくなっていきます。そして巨額の意設備投資を行って満を辞して開発した924と944と928が商業的に失敗し、これを964＋ボクスターの911ファミリーに戻らざるを得なくなったときから、すべてはもはやエンジニアリング的な欺瞞に変質していったのだと思っています。

永田　でもだからこそポルシェは生き残ってこれたんじゃないでしょうか。

福野　その通り！　つまりポルシェはスポーツカーを作るのがうまいメーカーじゃないんです。カネ儲けがうまいメーカーなんです。そこがフェラーリも見習っているポルシェの最大のポイントですよ。すべては商売のためにある。一に商売二に商売三に商売、だからポルシェ対象にスポーツカー談義なんてやってもムダ。ポルシェの歴史的な葛藤とはRRかミドか、そんなことじゃない。本音か商売か、正義かカネ儲けか、そこですよ。最初の一手から現在のSUVまで75年間、ポルシェという会社はほとんどすべての決断でゼニ儲けを選んできた。だからこんな大会社になったんです。ですからもしあなたが製造業の経営者なら、ポルシェを買って乗って信仰し、その拝金主義を信奉してもいいでしょう。でもあなたがスポーツカーのマニアなら、信じる相手がちょっと違うんじゃないかとそう思います。

永田　福野さんが信仰するのはミドシップですか。

福野　天使のサイクルです。

SPECIFICATIONS

ポルシェ911カレラS
■ボディサイズ：全長4520×全幅1850×全高1300㎜　ホイールベース：2450㎜　■車両重量：1530㎏　■エンジン：水平対向6気筒DCHCターボ　総排気量：2981cc　最高出力：331kW（450PS）／6500rpm　最大トルク：530Nm（54.0kgm）／2300〜5000rpm　■トランスミッション：8速DCT　■駆動方式：RWD　■サスペンション形式：Ⓕマクファーソンストラット Ⓡマルチリンク　■ブレーキ：Ⓕ&Ⓡベンチレーテッドディスク　■タイヤサイズ：Ⓕ245/35R20 Ⓡ305/30R21　■パフォーマンス　最高速度：308㎞/h　0→100㎞/h加速：3.7秒　■価格：1760万円

10

カッコいいとは何か
カッコいいに理屈はあるのか
クルマのスタイリングの秘密

スタイリングの秘密①

例題:アヴェンタドール五大理論

永田　新型コロナの影響でクルマが借りれないんですが、もともと何回かはクルマを借りずに机上で座学を展開する計画だったんで、ちょうどいいかなと。

福野　はい。これまでに雑誌上や拙書の中で繰り返し語ってきた内容と一部重複すると思いますが、ベテランの方は復習・おさらいのつもりでぜひもう一回クルマのスタイリングとデザイン論を聞いてください。

永田　しかしスタイリングの話題って、いかにも読者の方々の反論を誘発するようなタブーのテーマですねえ。だってなにがカッコいいかそうじゃないかを決めるのは個人の好みであって、学んだり考えたりするようなものじゃないはずです。

福野　まあそれが世の中全般の正論ですね。だからダメなんだろうとも思ってるんですが。ちなみに永田さんが「一番カッコいいクルマ」と思うのはなんですか。

永田　ご存知の通り私は個人的にポルシェ・ファンですから、ポルシェだったらどれでも全部好きですが、姿カタチだけの話ならやっぱアヴェンタドールでしょうね。もちろんカウンタックもウラカンもカッコいいと思いますが、どれか一台と言われたらアヴェンタドールです。

福野　読者のみなさんもその選択にはある程度納得じゃないですか。性能とか値段とかとか一切抜きに純粋にクルマとしてのカッコだけで選ぶなら、永田さんに同意の方が多いと思います。じゃあなんでアヴェンタドールはカッコいいんだと思います？

永田　やっぱりデザイナーの手腕が高かったからじゃないですか。ムルシエラーゴ以降のランボルギーニ車をほとんどデザインしてきたフィリッポ・ペリーニ。

福野　はははは。それじゃ「ゲルニカはなぜ最高傑作なの→ピカソが描いたから」と言うのと同じですね。「ダヴィンチが描いたからモナリザは傑作」というのだって確かに事実の一端なんですが、それでは芸術性の研究のなんの答えにもなってない。

永田　芸術というのは研究する必要がそもそもあるものですか？　ただ見て感じればればそれでいいわけであって。

福野「ポルシェならなんでもいい」というのはブランド論であって自動車論じゃない。クルマは非常に複雑な構成要素を持った高度な工業製品ですから、カタチの裏側にはそれを構成しているさまざまなバックグラウンドがあります。だからクルマのカッコよさの秘密を学ぶというのは、クルマそのものを学ぶことと同じです。さらに突っ込んでいけばモノのカタチが人間の心理に与えている影響という「カタチの本質論」も垣間見えてきます。

永田　わかりました。ともかくお話を聞くことにしましょう。じゃアヴェンタドールのカッコよさをどう分析するんですか？

福野　アヴェンタドールには「スーパーカーがカッコよくなる要素」が実は5つも入っています。1番目が「パッケージ」、2番目が「最適志向設計」、3番目が「後方開放型シルエット」、4番目はさらに特化した「機能デザイン起源スタイリング」、そして5番目が「スタイリング的再思考(＝傑作車リクリエイション)」です。「スーパーカーがカッコよくなる要素」はもちろんほかにもいろいろ考

えられるんですが、いずれにしても条件が5もずらずらっと揃ってるクルマというのはなかなかない。ここまで条件が揃ってるなら「カッコよくならないわけがない」といってもいい。たとえリュック・ドンカーボルケがデザインしたって、この5大条件をクリヤしてればある程度カッコよくなっちまうでしょう。

永田　ははははは。それってどういう皮肉ですか。

福野　「0.00001％の天才と99.99999％の模倣」という話です。それはひとまず置いといて。

第1の条件:パッケージ

福野　まずパッケージです。基本からきちんと説明します。ここでいうパッケージとは、クルマのすべてのメカの3次元的な設計とその配置のことです。どんな設計のエンジン＋トランスアクスルをどの向きにどこに置くのか、どんな形状・容量の燃料タンクをどこに配置し、トランクはどこにどう置くのか、どんな形式のシャシ構造とサスペンションをそれらの空隙にどのようにレイアウトするのか、それら全部の空間構成です。ミドシップレイアウトというのももちろんパッケージ要素のひとつです。忘れてはいけないのは人間の乗るスペースです。まず人間が乗降しやすいこと。そして運転席では操作・操縦のための人間工学的な条件(姿勢や着座性能)を保ちつつ、前方・側方・後方を十分に視認できる視界の広さや、クルマの車体そのもののサイズ感を認識できる車両感覚を得やすいことが公道を走る市販車としての前提条件です。

永田　前に福野さんが書いてたので印象的だったのは「人間のための居住空間とエン

ジンルームとを壁で仕切って、騒音や振動や熱を遮断し、さらにトランクルームも別の箱にして壁で仕切ることによって居住感を上げたのが3BOXセダンの定義である」「クルマを軽く小さく安くしたいから、荷物が多少見えたっていいやと割り切って、居住空間を荷室と合体させたのが2BOX」「いっそエンジンルームの上にボディをまたがって作って、全部を居住スペース＋荷室にしてしまったのが1BOX」という、あの解説です。

福野　カッコというのはパッケージをスタイリングで包んだものです。本来的にはパッケージを構築し、スタイリングでそれを包むという全体の作業を「デザイン」と呼びます。英語の語彙で「デザイン」というと、構造設計のことを示すニュアンスがいまでも強いです。例えばアレック・イシゴニスは初代ミニを作るに際し、エンジンの基本レイアウトから始め、FFという機構設計から居住性パッケージまでのすべてを新規考案し、さらにスタイリングまで自分で行いました。これが本来のクルマのデザインという作業です。多くの歴代レーシングカーやF1マシンも同じで、エンジニアがパッケージとサスと構造と空力、それらのバランスを考えながら全体形を作ってきた。レーシングカーやF1のスタイリングは、スタイリングしたものではなく、エンジニアの総合的デザインの単なる結果です。しかし市販車の世界では、己を「デザイナー」と称する職種の人が外装のスタイリングだけを専門に担当して作業をしてます。スタイリングだけする人なんだから本来なら「@スタイリスト」と呼ぶべきですが。

永田　福野さんはよく「スタイリスト」って書いてますよね。

福野　いずれにしても本来的にいえばスタイリングはパッケージを超えることはできません。パッケージが本質であってスタイリングはそれに従属しているものだからです。例えばスポーツカーやスーパーカーのコクピットから前方のスタイリングは、FRかミドシップかで決定的に違ってきます。FRはフロントにエンジンがあるのでノーズが長くボンネットが高くなる。最近のエンジンはDOHC＋連続可変バルブリフト機構＝ノンスロットリングデバイスなどがついてエンジン高がさらに上がってきて、フロントのマスはますますデカくなっています。EUの車両規制には「運転者のアイポイントから下方4度の視界を確保しなければならない」という安全視界要件がありますから、ボンネットが高いなら着座位置も高くしなければなりません。加えて通常のFR方式ならエンジン後部に連結した巨大な変速機が車内に突出するし、たとえ変速機を後部に置いたトランスアクスル方式にしたとしても、コクピットのフロア下には駆動力を伝達するためのプロペラシャフトと排気管を通さなければならないため、着座位置を高くするだけでなく、左右座席の距離もまた離さなければなりません。ヘッドクリアランスは頭上だけでなく側方も大事ですから、左右座席間の距離が離れればサイドガラスの傾斜角を立ててヘッドスペースを確保する必要がある。ようするにフロントエンジン車というのはフロントノーズのマスが大きいだけでなく、コクピットの横断面積も巨大化し、横断面形が四角くなって、どうしてもキャビンの3次元形状をスマートにしにくいんですね。**LFAとアヴェンタドールのコクピットの形状を見比べてみればわかるでしょう。あれはスタイリングの違いではありません。パッケージの差が表面化してスタイリングとして見えているんです。**

トヨタMR2プロトタイプ(1983)

永田　このお話はコルベットの回でも出てきました。「ミドシップ最大のメリットは実はスタイリングだ」。フロントにエンジンがないと前面投影面積も小さくなって空気抵抗が少なくなり最高速も速くなりますね。

福野　アヴェンタドールのカッコよさの秘密その①はすなわち「パッケージ」です。前提条件として、ミドかRRでない限り絶対にああいう低いシルエットのクルマは造れませんから。

第2の条件:最適志向設計

福野　じゃあミドならカッコいいクルマが造れるのかと言えばもちろんそうではありませんね。トヨタがミドシップの初代MR2(1984年〜)を造ったとき、プロトタイプはコクピットが低くてなかなかスマートなシルエットだったんだけど、重役がこれに座って「乗り降りがしにくい」「後方視界が悪い」と文句を言ったので着座位置が上がってルーフも高くなって、カッコ悪くなってしまったという有名な「伝説」があります。

永田　伝説ですか。

福野　「ひとりの重役の鶴の一声」などではなかったと思いますね。日本はなんでもみんなでうだうだ相談しながらから決める社会合議制の国なんで、会議で相談してるうちになんとなくそうなっちゃった、というのが実態かもしれません。事実がどうあれ、この伝説にはミドシップのスタイリングの基本的問題点が現れています。いくらミド化によって低いシルエットが可能になっても、コクピットの乗降性や視界のことを言い出したらカッコいいシルエットは実現できないということです。

永田　まあ割り切りは必要ですよね。ランボルギーニはその辺はやっぱ割り切ってますから。

福野　そこに絡んでくるのがボディサイズです。「高機動スポーツカーは小さく低く軽くあるべし」というのは物理の鉄則ですが、ボディサイズが小さくなるほど人間のスペースの占める割合が相対的に増えるので、パッケージ的にキャビンを大きくせざるを得なくなります。ビート、カプチーノ、AZ-1、S660などの軽ミドシップはみな背が高くキャビンが大きいシルエットですが、どうやったってそうならざるを得ないからです。スーパーセブンくらい乗降性を徹底的に切り

ホンダ・ビート(1991)

捨てれば、軽ミドでも低いシルエットにできる可能性はありますが、FFの横置きパワートレーンを流用するとパワートレーン高が高くリヤデッキ高が高くなりますから、着座位置が低いと後方視界が悪くなります。しかし軽規格で決定的なのは幅ですね。

永田　いくらフロントにエンジンがなくても、クルマそのものが幅狭くて小さいんでは、カッコいいクルマにならないということですね。

福野　もちろんこの話には「逆」もあり得ます。クルマをどんどんデカくすれば相対的にコクピットは小さくできるんで、例えばもし全長8m、全幅3mあればFRだろうがなんだろうが、アヴェンタドールのシルエットはたやすく作れます。でかいクルマはカッコよくするの簡単だから、ヘボのスタイリストに大きな権限を与え、好き勝手クルマを作らせるとクルマはどんどん大きくなっていきます。デカくてカッコいいというのはヘボの証です。

永田　でもボディサイズが大きくなるとヨー慣性も重量も大きくなってスポーツカーとしてどんどんダメになりますよねえ。

福野　だから「最適志向設計」が重要なんですね。クルマというのはすべてバランスです。そして「どこでバランスするか」というのが開発のテーマです。居住性を高くしたいなら3BOXセダンにする。運動性を高めたいならミドにして小さく低く軽くする。カッコいいスポーツカーを造りたいならMR2のように乗降性や後方視界を乗用車レベルにする必要はない。軽FFユニット流用の軽ミドシップではカッコいいスポーツカーは絶対造れないのに、値段はいっちょまえに高くなるから売れるわけないんだし、現に売れた試しが無いんだから、軽のスポーツカーなんてそもそも作るべきじゃない。もし本気でスポーツカー作るななならFFのパワートレーンなんか流用しないで大規模投資して1～1.5ℓクラスの新規エンジンを設計・開発し、低くカッコよく運動性高いミドシップ造って20年売り続けるしかない。ホンダもスズキもダイハツもそうやってロータス・ヨーロッパのようなサイズとコンセプトのミドシップカーを造るべきだった。それならいまでも売ってたかも。

永田　大きくてもダメ、小さくてもダメと。

福野　その観点から言えばいまのスーパーカーはちょっとみんなデカすぎですよね。アヴェンタドールだってエンジンはあのままで乗降性と居住性とトランク容量をもっと切り詰めれば、あのカッコのままもう一回り小さく軽くなって動力性能も運動性も格段に向上するでしょう。

永田　つまりカウンタックのサイズということですね。

福野　その通り。だから個人的には12気筒市販車の「最適志向設計」のチャンピオンはカウンタックですね。カウンタックは低くコンパクトなクルマですが、シザーズドアだから決して乗降性は悪くないし、乗ってしまえばドラポジも操作性も非常にいい。ヘッドルームは我慢の限界ぎりぎり、後方視界はゼロだけど、あのカッコに乗っているのかと思うと逆にぞくぞくする。カウンタックこそ「0.00001%の天才」ですね。

永田　さっきも言ってましたが、それってなんのデータですか？

福野　いや人間と人間の作るモノの本質に対する単なる私の主観です。**絵画や彫刻、作曲のような純粋な芸術活動は「0.00001%の天才と99.99999%の模倣」で成り立ってきたと思ってます**。なんのバックグラウンドもなしに、ただ己の感ずるまま信ずるまま作ったり描いたりした作品が、多くの人を「素晴らしい」「カッコいい」と一瞬で魅了し感動させることができたとしたら、それぞ天才ですよね。そういう人材も確かにこの世にはごく少数存在します。だけど残りの99.99999%の我々はそうじゃない。じゃあ天才ではないその他大勢のクリエーターはどうしてるのか。0.00001%の天才の作品を眺め見て影響を受けつつ、そこに己のアイディアをほんのちょっとだけ付け加え、自分の作品ということにしてるんですね。参考にしたとか影響を受けたとか綺麗な言葉で飾ってますが、**「ほぼ模倣」というのが世の中の創造作品の実態でしょう**。だから私は「己を信じる／己を表現する」という美術・芸術の教育は根本から間違っていると思いますね。数万人に一人の天才以外の凡人には、そもそも信じて表現するに足る自分なんてないんだから、いくら頑張って信じたってなにも出てくるわけがない。そんなんでプロになっちまうから、すぐに壁に突き当たって、うんうん悩んで困った挙句に人のデザインをパクるんですよ。最初に己は99.99999%の凡人であるという認識に立っておれば、天才から学ぼうという謙虚な気持ちが湧いてくる。天才の作品の天才性を分析して本質を学び、天才の天才性をもっと深い次元で理解すれば、少なくとも表面上のパクリではなく、もっと深い作品性が生じるはずです。

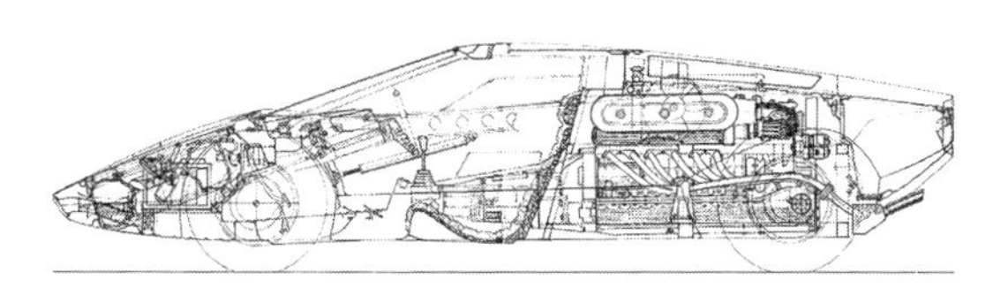

永田　でもクルマのスタイリングもどこかでみたようなカッコばっかですよねえ。クルマも「0.00001%の天才と99.99999%の模倣」で成り立っているといえるかも

ですね。

第3の条件:後方開放型シルエット

永田　3番目の「後方開放型シルエット」とはなんでしょう。

福野　ずいぶん昔から私がひとりで主張している持論で、世の中的にはまったく影響を与えていませんが(笑)、クルマに限らず「モノのカタチ」がもたらす心理的な効果の話です。先入観を捨て純粋に姿カタチだけを眺めると、世の中の物体(固体)の姿には「閉鎖的形態」と「開放的形態」があると思います。閉鎖的形態とはカタチが物体の中で丸く閉じてきれいにまとまっている姿のことです。例えば鶏卵というのは全体が曲面で完璧に結ばれていてどこを探してもカタチに破綻がないですね。「閉じたカタチ＝閉鎖的形態」です。一方卵を割って中身をあけ、殻になった状態はどうかというと、閉じた形態が破壊され形状一部が開放端になっています。こういう形状を「開いたカタチ＝開放的形態」とします。私は「優美感」「重量感」「緻密感」「荘厳性」「審美永続性」「伝統感」などを求める高級車や乗用車では閉鎖的形態も大いにありだと思いますが、**「スピード感」「先鋭感」「機動感」「躍動感」「強烈個性」「未来感」などをスタイリングに求めるスポーツカーやスーパーカーでは、意識的に姿カタチを開放的形態としてスタイリングすることがカッコよさの印象に直結してる**と思ってます。

永田　割れた卵みたいなカタチということですか。アヴェンタドールってそんなカッコしてますかね。むしろ割れていない卵みたいだと思いますけど。

福野　ミドシップのパッケージのメリットを最大限に発揮してキャビンを極限まで低くし、低く短いノーズセクションとキャビンをほぼ一体化して全体をひとつのシェイプ＝モノボックスシェイプにしていますから、確かにアヴェンタドールはボディ全体に一体感があります。しかしよく見るとフロントノーズ下部は切り欠かれたような大きなエアインテークになっていて、そのエッジはまさに割れた卵の殻のように尖っていますよ。側面のインテークも割れた殻そのものです。そして決め手は車両後部。フロントからきた流麗な流れがリヤタイヤ後端で突然ぶっつり断ち切れています。これがSVJになるとさらに後部全体がブラックアウトされていて、「切り取られて中身が見えてしまっている」ようにさえ感じます。

永田　エアアウトレットとデフューザーと排気管があるから、単に機能的にそうなっているだけじゃないかと。

福野　いえ意識的でなければ、こういうふうに突然ラインが途切れて終わるようなカ

タチにはなりません。エアアウトレットとデフューザーと排気管をつけたとしても、一連のマクラーレンのように丸くまとまったリヤビューにもできます。

永田　うーん。でもそれはカタチの表現手法であって、クルマのカッコよさの不文律というか、形態的に「カッコいい条件」ではないと思いますが。マクラーレンだってカッコいいし。

福野　じゃあ過去のスーパーカー・スポーツカーでカッコいいなと思うクルマ、なんでも言ってみてください。

永田　えーとそうですね。まずカウンタックとそのバリエーションのウルフカウンタックは当然として、ミウラとそのバリエーションのイオタSVJは絶対入りますよね。フェラーリだとデイトナ、テスタロッサ、F40、昔の250GTOや275GTBあたりかな。マセラティではカムシン。英国車ではエスプリ、ヨーロッパ、あと英米混血の427コブラもいいな。アメ車ではフォードGT。もちろんポルシェとあと日本車ではケンメリGT-Rと240ZGと2000GT !!

福野　ポルシェと2000GT以外はすべて開放的形態ですね。

永田　そうですか？

福野　わかりやすいのはF40とテスタロッサです。リヤがまさに叩き切られたような形状になっていて、F40は金網、テスタはエアコンのルーバーみたいのがついてる。エンジンルームの熱気を抜く実際の機能があるだけでなく、カタチとしても後方が開放されています。カムシンのリヤはガラス貼りですが、形態としては同じようにボディのラインが後端で突然ぶっつり切れてます。カウンタックもデイトナもS30Zもケンメリも同じです。ミウラや250GTOや275、エスプリ、フォードGTなどは後端部にスポイラーを一体化したいわゆるコーダトロンカですが、形態的にはボディが途中で寸断されて後端は単なる平らでぶっきらぼうな板です。卵のように後端まできれいにまとまってなんかいません。乱暴に切りっぱなしなんですよ。

永田　……。

福野　ポルシェと2000GTは明らかに全体が閉じた曲面で構成されています。割れてない卵的、閉鎖的形態です。AMG GTやマクラーレンやヴェイロンもそうです。これらは先の例で言うと、高級車や乗用車のように優美な姿のスポーツカーだと言ってもいいでしょう。流麗で完成度が高くきれいですが、アヴェンタドールのような荒々しい迫力や刺激性には欠けている感じがします。

永田　ポルシェのカタチにはスーパーカーにふさわしい迫力があると思いますが。

福野　でもウイングをつけると、ポルシェもさらにスーパーカー的になりますよね。そう思いませんか？　ウイングというのはあれまさに開放的形態の典型です。

永田　コブラは優美な曲面で構成されたクルマですが、圧倒的な刺激性と迫力がありますよ。

福野　オープンカーというのはすべて割れた卵です。キャビンが切り取られて中身が見えちゃってるんだから。だからカタチに緊張感がある。ロータス・ヨーロッパみたいにリヤデッキが切り取られたようなカッコになっている場合も緊張感ありますね。

永田　なんか納得できませんねえ。緊張感

ジェット戦闘機のカタチ。F-22(手前)とF-15
(写真:Wikipedia)

ですか。確かにイタリアン・スーパーカーやオープンカーのカタチは一種の開放的形態といえるかもしれませんが、それがカッコよさに直結しているかなあ。イタリアン・スーパーカーやコブラや2000GTがカッコいいのはもっと別の理由では。例えば女性の体のような優美なカーブとか。

福野 ははは。誰でも言うセリフですな。「セクシーだ」とかさ(笑)。ところでいわゆる乗り物機械の中で形態的に特殊な例は電車です。新幹線の先頭車は空気力学的な形状をしてますが、目的地に到着したときにUターンしなくていいように、最後尾にも先頭車がついてますね。つまり電車の形態には「前方」「後方」の区別がない。これは乗り物のカタチの中では非常にユニークです。後端が逆向きの先頭車なんだから全体のカタチとしては閉じた形態だともいえます。その真逆が飛行機です。航空機は前方に猛スピードで突進することしか考えてないので、形態的に前後が非常に明快です。最大の特徴は3方向に翼が突き出していること。しかも翼は途中でぶっつり切れていて、カタチにまとまりというものがまったくありません。後方に向かって形態が開放・発散しています。ここに飛行機の形態の不安感や緊張感がある。それが一種の迫力にもなっていると思います。3次元機動を最大に重視した戦闘機の場合は、先端の1点から機体が始まり、エアインテークがあり、翼が3方4方へと突き出し、機体後端はギザギザの切り立ったジェットノズルで終わっています。カタチとしては花が開いたように爆発してるんですね。この形態がカタチとしても戦闘機に「スピード感」「先鋭感」「躍動感」「機動感」などを感じさせています。

永田 う〜ん、それって先入観じゃないんですかねえ。

福野 例えば船舶。コンテナ船から駆逐艦、航空母艦まで、船舶も前後の形が明快で後方に開放的な形態であるだけでなく、船体そのものがオープンカーとおなじように切り取られて上方に開放された形状をしてます。ヨットとかモーターボートもそう。前方がシャープで末端や上方が開放されたジェット戦闘機的な形態です。例外は潜水艦だけです。

永田 うーんまあ確かにカタチだけでいうと100フィート級クルーザーとジェット戦闘機とはちょっと似てるかもです。だけど前方後方の区別がない新幹線N700Sだってめっちゃカッコいいですよ。

福野 はい。でももし中間車を一切はさまず、2両の先頭車両同士が直接背中合わせに連結されていたらどうかな。結構無様かもですよ。電車は編成が長いから先頭車両を眺めているときは後方のカタチのことは意

ウダロイⅡ級駆逐艦（写真：Wikipedia）
船体は甲板上部が開放的形態である

新幹線 N700S　後方は消失点になっているから
前後が同じカタチの閉鎖的形状には一見見えない

識してない。電車の後部っていうのは形態的には消失点なんで。

永田　ははは。消失点。確かに。

福野　いろんな乗り物の中で、**クルマっていうのは幅が広くて低くて短くて、プロポーションがちんまりしてます。物体としてはジェット戦闘機や艦船より「ぬいぐるみのくま」や「ゆるキャラ」に近い**んですよ。ころっと丸くてちいさくまとまってるから、躍動感やダイナミックさが足りない。ただきれいにカッコよく造っただけでは戦闘機のような躍動感とかスピード感とか機動感は出にくいんですね。**だから意識的に前後感をはっきりさせ、前端は鋭く、後端は開放端にして、後方が爆発したようなカタチにするとぐんとダイナミックに見える**。F40やテスタロッサやカウンタックみたいにね。オープンカーのように上方が開放されていても、艦船やクルーザーみたいな躍動感や自由さが出る。アヴェンタドールはそういうカタチです。「止まってても走ってるみたいなカタチ」と言い換えてもいい。

永田　それはわかります。「割れた殻」って言われると未完成で粗暴で汚らしい印象がしちゃいますが、スピード感と言い換えるならスーパーカーのカタチには絶対必要な要素だと思います。

福野　いやスピード感を与えるのは、未完成で粗暴で緊張感のある形態なんですよ。うずくまった猫やかわいいうさぎやのんびり歩く亀には躍動感やスピード感はない。だけど空を飛んでる鷹の姿には躍動感がある。飛んでいる鳥の姿こそ末端が開放されたカタチの象徴です。

永田　「飛んでる鳥＝開放的形態」「地上に降りて翼を休めている鳥＝閉鎖的形態」ということですか。その例なら素直に「飛んでる鳥」のほうがカッコいいと思えますね。

オープンカーのカタチ　ルーフが切り取られて開放的形態になっている

ポルシェ917K(1970)　車体後部が切り取られて開放的形態になっている

福野　ウイングのついたポルシェはカッコいいっていいましたね。ウルフカウンタックもウイングがついてます。レーシングカーにも大きなウイングがついてます。F1はジェット戦闘機のように先端の1点から始まって後端が切り取られて開放され、あちこちウイングだらけです。イオタにはウイングはついてないけど後部におおきなエアアウトレットが四角く開口してます。あれで開放端の形態が強調されています。**クルマのスタイリングに開放的形態の要素をつけ加えていくと「スピード感」「先鋭感」「躍動感」「機動感」が増してカッコよくなる**んです。みなさんちゃんと経験的にはわかっておられると思いますよ。先入観に支配されているから、いつも感じていることを理屈に落とし込むのに抵抗感があるだけで。

永田　ちょっと納得したかも。でも例外はありますよね。

福野　スピード感だけがスーパーカーのカタチの魅力ではないとは思います。ただ、ぬいぐるみみたいな形状というのはスーパーカーとしてはあんまり似つかわしくない。マクラーレンF1やヴェイロンやカレラGTよりもアヴェンタドールの方が明らかにカッコいい。ポルシェ918スパイダーは悪くないけど、ポルシェのカタチの最高峰はやっぱ917Kでしょう。

永田　917Kは開放末端そのものですね。確かに爆発してます。

福野　いつも思うんですが、作りかけの建築ね、あれも開放された形態のひとつだと思うんです。作りかけの建物ってカタチとして爆発してるでしょ。未完成で粗暴で複雑で迫力があって「出来たらどんな姿になるんだろう」っていう不安と夢が同時にある。完成しちまえばただのビルで面白くもおかしくもない。この対比の代表例が「デススター」です。

永田　あー第1作のはただの球体でしたが「帝国の逆襲」のは作りかけでしたね。確かにあれはなんか迫力あってカッコよかったです。

福野　作りかけデススターの発想の元は「2001年宇宙の旅」の地球軌道上の宇宙ステーションです。ここにもまあ「0.00001％の天才と99.99999％の模倣」がいるわけですが。スーパーカーのスタイリングにも同じようなことが言えます。「完成度が高い」「まとまってる」というのは日本語では一般に褒め言葉ですが、ことカタチについていえば完成度が高くまとまっているとなんか面白くない。

永田　あえて「未完成の作りかけみたいな雰囲気にデザインする」ということですか。

福野　そうです。「きれいにきれいに美しくしよう」「隅々まで隙なく完璧にまとめよう」「だれにも不快感をあたえないよう無難に仕上げよう」というのは、一般的に言っても低次の造形思想ですね。「不安をあたえてもいいから自由に爆発して躍動させよう」「こねこねこね回さずぐちぐち煮込まず一刀両断に築こう」「批判をおそれずむしろ未完成のエネルギーを主張しよう」というのはより高次の造形思想です。**冒険性は無難性より難度が高い。彫塑でも絵画でも書でも、冒険こそが極意です**。

永田　岡本太郎さんが「芸術は爆発だ」といったのはそのことかな。

第4の条件:機能デザイン起源スタイリング

永田　福野さんのアヴェンタドール五大理論の4番目は「機能デザイン起源スタイリング」。これは聞かなくてもわかる気がします。「意味ないカタチはカッコ悪い」ということですよね。

福野　「機能追求していくとクルマはおのずとカッコよくなる」の一例はレーシング・バージョンでしょう。スーパーGTは市販車母体に運動性と空力を向上させる目的で、車高を下げトレッドを広げタイヤを太くし、あちこちに空力付加物をつけてるのですが、カタチ的に見ても元の姿より迫力あってカッコいいですよね。だからこそカスタムカーも昔からドレスアップの意味も兼ねて、太いタイヤ履いてスポイラーとウイング生やしてきたんであって。

永田　最初の第1歩から全姿を機能デザインしたのがF1やル・マンカーですね。

福野　そうです。そしてデザイナーがデザインしたF1やル・マンカーはありません。**究極の事実認識をするなら、デザイナーがデザインした戦闘機や艦船や高層ビルや橋梁や戦車や潜水艦はこの世にありません**。大規模で高性能な機械の姿を作っているのは常にエンジニアです。そしてその背景には材料力学、空気力学、流体力学、熱力学などの基礎力学と航空工学、船舶工学、建築学などの設計工学があります。飛行機や艦船や建築物のカタチのすべては力学と機能に裏付けられている。**カッコだけ考えて「デザイナー」がカッコを作ってる機械なんてクルマと家電だけ**です。

永田　うーん。

福野　ジェット戦闘機のあの後方が爆発した姿は、戦闘機としての要求仕様とエンジンや兵装や電子装置などのパッケージを、航空力学的に追求した外観で包んで到達したいわば論理的帰趨に近いわけですが、1988年11月にアメリカ国防省がステルス攻撃機F117の写真を公開した際は世界中の航空機設計者がひっくり返った。レーダー波反射特性というステルス機能性を実現するために、これまでの航空工学の常識を完全に否定したカタチだったからです。いまはFEM解析技術が向上したので、あんな単純な平面形の組み合わせでなくてもレーダー波の反射方向を精密に想定してステルス性を実現できるようになったので、F22やF35のようにステルス性と飛行性能との最適両立化が実現できるようになりましたが、F117のあの異様な姿や見切り線のジグザグ模様はクルマのカタチにも大きな影響を与えました。アヴェンタドールはその代表例ですね。

永田　はい。それは誰でも感じてます。F117とF35を足して2で割ったようなディテールがあちこちにありますね。でも実際にはアヴェンタドールにはステルス性はないですよね。

福野　もちろんゼロです。ステルス形態のエッセンスを真似ただけ。だけどそれによっておどろおどろしくまがまがしく、それでいて決して下品でも低俗でもない、これまで見たことのないような独特のスーパーカー的迫力が現出した。

永田　不思議ですね。ステルスを真似しただけでカッコよくなったと。

F-117 (Photo:wikipedia)

F-35A (Photo:wikipedia)

福野　エンジンを載せた馬車から出発し、1920年代にレーシングカーが生まれて以降、スポーツカーのカタチのインスピレーションの起源はほとんどは飛行機からきました。飛行機の速度は航空黎明時代の時速100キロレベルから18年間のシュナイダー・トロフィー挑戦を経て時速500キロを突破、1947年に音速を超えるとそこから一気にマッハ6.7のX-15へと至るわけですが、これらを順次達成した最大のポイントは機体と翼の空気力学的形状でした。それがレーシングカーに応用されていくとともに、流行のカタチとしてもスポーツカーに取り入れられていったわけです。

永田　ということは飛行機に似てるカタチが「カッコいい」と思われるようになったということでしょうか。

福野　歴史的にはむしろそうです。

永田　仮にそうだったとしてもそれはカッコよさの理由の説明にはなってませんね。

福野「開放的形態は閉鎖的形態よりカッコいい」というのはまさにそれに対する私なりの説明なんですが、もちろんそれだけが全部ではないでしょう。NASAは形状記憶合金を使った「可変キャンバー翼」や魚の鱗のようなプレートを翼の表面にならべて翼形状全体を大きく変化させる「モーフィング翼」などの次世代航空技術を研究してますが、実現すれば飛行機はいよいよ鳥に近づきます。となると「飛行機が目指してきたのは結局は鳥だったのか」という概念も改めて浮上してくる。飛行機の姿にカッコ良さを感じてしまう人間の情緒性というのは、ひょっとすると先史時代から空を見上げて飛んでる鳥を眺めながら、飛行やその自由性に憧れてきた感情が刷り込まれたものなのかもしれません。いずれにしろカッコいいカタチにはほとんどの場合、その裏に1本通った理由があります。「カタチのテーマ」と言ってもいい。クルマのデザイナーは面がどうだの線がどうだとそんなことばっか言ってますが、肝心のテーマの話題がまったくない。**飛行機や電車や船舶や艦船、建築物や橋梁は機能に即した設計によって全体のカタチが構築されているから、おのずと全体が明快な一つの工学的思想を表しています。だからカタチが深く強い。いまのクルマがカタチで表現してるのはカタチだけ。なんの意味もないただのカタチ。だから徹底的に浅いし、空虚なんです**ね。

永田　福野さんの意見はややもすると「デザイナー廃絶論＝芸術否定論」にも聞こえてしまいますね。

福野　まさか。すべての機械は人間が作ったもので、スーパーカーもジェット戦闘機もいってみれば人の手垢にまみれた物体です。あんなに人間的なものはない。死んだって人間性や芸術性の否定なんかしませんよ。でもスーパーカーは、絵画やアクセサリーや置物や炊飯器とは違って、高速で走って曲がって運動する機能を備えた運動機械ですから「女性の体のライン」だの「官能に訴える3次曲面(笑)」なんかよりも、航空力学的形態などから持ってきた機能的カタチの方がカッコ良さとしての説得力がはるかに上なのは当たり前です。ビニール袋の中に石膏入れて冷蔵庫で固め、その観念的な3次元形態の研究なんかしてるより、力学を徹底的に学びながら造形した方がずっとカッコいいスーパーカーができる。これは絶対間違いない。

永田　反論しにくいですね。

福野　工学的でないデザインはなぜ高速運動機械にとってダメなのか、エンジニアに聞いた一例を受け売りしましょう。アルミホイールです。ホイールは質量のある物体が高速で回転するわけで外周部に行くほど遠心力は大きくなります。なので中心のハブ部分をもっとも太く頑丈に作り、外周に行くほどスポークを細くして断面積を小さく質量を少なくするのが力学的に正しい設計です。昔のBBSの鍛造メッシュホイールはまさにそういうデザインで、あれは日本の鍛造メーカーのエンジニアがデザインしてF1やルマンカーも採用した世界の名作です。ところがいまのデザイナーは外周に行くほどスポークが太くなるという非力学的アルミホイールを平気でデザインしちゃう。「そのほうが安定して力強く見える」という理由らしいですが、馬鹿そのものです。

永田　デザイナーのいうことも一理あるような。

福野　動物の脚というのは片方が胴体に接続し、反対側が開放されて運動するという一種の「片持ち梁」構造ですが、**安定のために脚が先端に行くに従って太くなっているのは、ゾウとかカバとか亀のようにゆっくり歩く動物だけ**です。キリンとか競走馬とか鹿とかチーターとか駝鳥のように、**速く走る動物の脚は必ず先端に行くほど細くなってます**。動物は進化の結果ですから、動物の形態は必ず力学的に正しいんです。先端の太い野球のバットを完璧にコントロールするには、だからこそ苦難の修行がいる。

永田　外周部にいくにつれスポークが太くなると、具体的にはどうだめなんですか？

福野　「遠心力＝質量÷速度^2×半径」ですから、外周分の質量が大きいと遠心力が大きくなって、ハブ部分を強化しなければならず、それだけ全体重量が重くなってばね下重量が増し、操縦性や接地性が悪くなります。エンジニアはこう言ってました。「ちゃんと勉強してないから、子供のころどっかでひろって身につけた間違った感覚を後生大事にかかえて正そうとしない。そういうダメ感覚でデザインするからダメ機械になる。世界中のエンジニアはそのせいで泣かされているんです。ぜひこれを雑誌に書いてくだ

末端拡大型スポークの純正アルミホイールの悪しき例

さい」って。もちろんアニメはアニメでいいんですよ。フィクションだから。でも現実の物体をデザインするなら、アニメばっか見てないで最低限でもいいから現実の力学を学ばないと、間違った機械をデザインすることになる。4500年前の人だって、ピラミッドを作るときに頂上に行くに従って質量が小さくなるよう力学的にちゃんと正しくデザインしてます。

永田　なるほど。

福野　機能デザイン起源スタイリングとは、力学の裏付けのあるカタチこそ真にカッコいいんだという主張でもあると思ってます。

傑作車リクリエイション

永田　5番目は「傑作車リクリエイション(＝スタイリング的再思考)」です。

福野　まあこれは一般論ではなく、アヴェンタドールに特化した特徴です。アヴェンタドールはムルシエラゴの大改良版ですが、ムルシエラゴはディアブロの改良版で、ディアブロはカウンタックの改良版です。結局1970年代後半以降45年間のランボルギーニ車は基本的にすべてカウンタックだったといっていい。カウンタックはパッケージ、メカ、スタイリングの3要素についてもっとも偉大なスーパーカーですが、先代のミウラと比較すると、びっくりするくらいメカもパッケージもスタイリングもまったく違う。むしろ正反対です。カウンタックというのはつまりミウラを全否定することによって生まれたクルマです。ミウラは当時世界で(品質以外は)好評で700台以上も売れたんですから、それを全否定するのは大変な勇気だったでしょう。私は1台だけ作った有名な「J」(＝イオタ)というのはミウラを技術的に否定するための実証ツールであり、カウンタックの設計を決める説得材料だったと思ってます。カウンタック以降はボディ／シャシ生産も自社内に移管したからカウンタックは社内的な生産技術革命でもあった。あんなクルマを自社内で作れる能力があったからこそロゼッティもパトリック・ミムランもクライスラーもメガテックもアウディも、ランボルギーニの工場と従業員を高値で買ったんですよ。カウンタックがなかったらいまのランボはない。

永田　……。

福野　スタイリング面においてもいろんなデザイナーがカウンタックを繰り返しリクリエイションしたわけですが、ディアブロは「後方開放型シルエット」の表現において甘く、ムルシエラゴは「機能デザイン起源スタイリング」の点でいまひとつ説得力が乏しい。アヴェンタドールのスタイリングは四つの理由全部でカウンタックと並ぶ出来だと思います。ただしカウンタックは小さい。アヴェンタドールもそこはカウンタックにかないません。

11

カッコいいとは何か
カッコいいに理屈はあるのか
クルマのスタイリングの秘密
の続編

スタイリングの秘密② マツダ・ロードスター

脱線余談

2020年6月26日(金)午後7時過ぎ。JR新橋駅。都知事選の選挙カーが陣取って政見を語り、いつもの人混みと喧騒が戻ってきていた。

篠原カメラマン　どうもです！

福野　あれクルマ変えました？　これ最終の118iじゃないですか。

篠原カメラマン　いえ自分の320dワゴンが、車検に出した直後にトラブって、これ代車なんです。

福野　いいでしょう118i。抜群でしょう。

永田　F20最終の118iってミニやアクティブツアラーと同じ3気筒1.5ℓターボ(＝B38B15A型)ですよね。

福野　そこが最高のポイント。F20＝1シリーズはF30＝3シリーズやF32＝4シリーズとプラットフォーム共用のFRでしょ。ボディがやや重いけどサスが高級、ボディ剛性が高くAT（ZF8HP）と駆動系が極上、そこにエンジンだけ短くて軽い3気筒ターボ136PSを無理やり縦置きして作ったから、値段が高くない割にクルマ全体の品質感がとても高い。さらにロングホイルベースに3気筒だからエンジン搭載位置は完璧なフロントミドシップ、重心低くヨー慣性小さく、結果的にフットワーク軽快で安定性も高いという素晴らしい運動性になった。車重が1430kgもあるから速くないが、神AT＝8HPがフォローして実に切れ味よく俊敏、しかもハナが軽くてタイヤが205/55-16だから乗り心地は1／3／4シリーズの中で一番いい。NVがこれまた悪くないし。

篠原カメラマン　はい。3気筒とは思えないくらいです。

福野　この3気筒はFFに積んでるとうるさくて品質感低いんだが、縦置きすると一気

に別もん。

永田　それはなぜですか。

福野　エンジンの騒音の大半はブロックの側面から出るから、縦置きすると室内に音が入ってきづらい。縦置きならエンジンの回転モーメントの変動で生じる揺動をエンジンマウントで規制する度合いが少なくていいのでマウント設計の自由度が高く、アイドル振動などNVチューニングの最適化度が上がる。縦置きならエンジン左右のスペースが広いから吸排気レイアウトに余裕が出て、同じ最高出力でもパワーバンドを広くできる。それと重要なのが変速機。縦置きは横置きより軸方向にスペースを取れるから設計的自由度が高い。ZF8HPは7／8シリーズからベントレー、アストンまで使ってる超絶AT、これがついてくるだけでも320万円はお買得。

永田　福野さんが118i絶賛とは知りませんでした。

福野　4気筒＝120iは並出来ですけどね。去年の単行本のサイン会に来てくださった読者の方で「記事読んで最終118i買いました！」と報告してくれた方がお二人もいました。篠原さんもこのまま買い取ったら？

篠原カメラマン　ははは。

福野　すまん、つい本題から外れた。今夜の主役はロードスターやな。

永田　福野さんの話を聞くためにクルマを借りてきてんですからいいんですよ。

ロードスターのカタチの秘密：生産技術

都道405号線＝外堀通りは皇居を1周する環状2号線の一部。東京メトロ虎ノ門駅から新橋駅にかけてのざっと1㎞区間は片側3車線の大通りで、虎ノ門交差点から130mくらいの場所に立つと真正面に霞ヶ関ビルが立ちふさがって大迫力だ。1968年に竣工した日本初の超高層ビル（＝36階建）である。

福野　こういう場所に停めると周囲のビルの照明がボディに映り込んで、ロードスターの造形の入念さと生産技術の高さがよくわかる。まさに「ロードスター見るならここで見ろ」って感じ。

永田　ボディのラインがすごくきれいに見えますね。リヤのオーバーフェンダーの感じなんかも普段街でロードスターを見るのとは一味違います。こんなにぬめーっとグラマラスだったんですね。アヴェンタドールを題材にクルマのカッコの秘密について話してもらったんですが、今回はその続きです。

福野　はい。アヴェンタドールだけ題材に「カッコの秘密」を解説しても、解説しきれない部分が出てきます。それを補うためにロードスター借りてきてもらいました。

永田　「ロードスターにはアヴェンタドールにはないカッコ良さがあるから」ということでしょうか。

福野　まあそう考えてもいいでしょう。周囲の光のボディへの写り込みがこんなにキレイなのはなぜだと思います？　理由**その①はボディのチリと段差の少なさ**です。ボンネットとフェンダー、フェンダーとドア、ボンネット＋フェンダーと樹脂製バンパー、それらの接合部の隙間＝チリがすごく狭いでしょ。ざっと2.5㎜。量産車の下限に近い。しかもただギャップが狭いだけじゃなくボディ曲面がそこをまたいで完璧に連続していて、パネルのつなぎ目が存在しないかのようです。段差が非常に少ない。

永田　確かにボディ全体がプラモのように一体感があります。塗装してからパネルラインをスジボリ・スミ入れしたみたいな。

福野　まさにそれ。いいこというねえプラモ仲間(笑)。これぞ生産技術の賜物です。

永田　福野さんは日本の自動車関連メーカーの生産工場をこれまで120社以上取材したということですが、それだけあって生産技術の話が多いですね。

福野　クルマの両輪は設計と生産です。生産できない設計なんてそもそも意味がないし、生産技術が足りなければ優れた設計も台無しになります。クルマ3万点の部品はサプライメーカーで作られ、自動車メーカーのファイナルラインにジャストインタイムで納入されていますが、ではメーカー自身はなにを作ってるんだといえば、それはエンジンとボディです。自動車工場では鋼板プレス加工→サブアッシー→モノコック溶接組立→蓋物手作業組み付け調整→下塗りと塗装→ファイナルアセンブリに至る工程が連結・同期しており、流れ作業でどんどん出来ていきますが、CAD設計してCNC加工で金型作れば精密なボディができわけじゃない。モノコックの実態は薄板の集合だからです。鋼板は弾性域が広いからプレス成形(塑性加工)してもスプリングバック(跳ね戻り)して深絞り部分は金型と形状が変わってしまうため、それを見越して金型の形状を作っておかなくちゃいけないし、金型の損耗が激しいから製品を常にチェックして型をメンテしてないとボディの精度が低下します。また薄板鋼板を抵抗溶接(＝スポット溶接)すると熱で微妙な歪みが出ますが、これを100枚組み合わせてモノコックを作っていくと、それが集積していって全体で大きな誤差が生じます。溶接の際に部品を固定しておく治具の設計は大きな決め手ですが、それでもクルマのモノコックボディの公差は機械工業製品のなかではかなり大きい。仕方ないので外板パネルをつけるときに微妙に人間が位置を修正して、なんとかまとまって見えるように調整するんですね。パネルのギャップというのはいわばその「調整しろ」です。

永田　なるほど。じゃあ逆にパネルのギャップの大小をみればボディの精度がわかるんですね。このクルマのようにギャップが狭いのはモノコックの組立の精度が高い証拠と。

福野　その通りその通り。もちろんスーパーカーのようにアルミ押出材やCFRPモノコックで1点1点入念に作ってるなら精度は出ますし、**むかしのクルマみたいに歪んだボディに合わせて外板を作ってるような場合はギャップも狭く出来ます**が、ラインを流して一気に作る量産車で、ここまでパネルのギャップが狭く、曲面のつながりがいいクルマはヨーロッパ車でも少ない。

永田　でも最近のドイツ車はかなりいいんじゃないですか。ポルシェとか。

福野　樹脂バンパーの形状連続性／ギャップ／カラーマッチングまで、このレベルに達しているヨーロッパ車は高級車でもほとんどないと思います。

永田　確かにバンパーはねえ。

福野　PPの射出成形と塗装は特殊な技術だ

から、ノウハウを持った外部のサプライメーカーが金型を作って生産して塗装して納入、ラインではそれをボディにはめてボルトで取り付けるだけ。それでこれだけの一体感になるのはすごい。一体どんだけ頑張ってるんだよって感動します。

永田　改めてそう聞くとちょっと奇跡的な感じですね。

福野　**ボディへの写り込みがキレイな理由のその②は塗装**です。こういう光の写り込みの映え感を「塗装鮮映性」と言いますが、鮮映性は表面の平滑性と粗度で決まり、それは同じ塗料で同じ色なら下地と中塗りの仕上がりで大きく左右されます。下塗りと中塗りを何層も塗り重ねて途中でペーパー磨き(中研ぎ)をすれば仕上がりの鮮映性は当然高くなりますが、**量産車は20μm(ミクロン)前後の電着下塗→30μm前後の中塗→15μm程度のカラーベース→30～40μmのクリヤで合計4層＝90～120μm(薄いフィルムくらいの厚み)の塗膜を中研ぎなしの連続ラインで作らなくてはいけない**。そういう工程でこの鮮映性を出すのが難しい。

永田　それは塗料の秘密ですか

福野　上塗り(カラーベース＋クリヤ)は遠心式ベルで塗料を霧化し、静電気でボディに吸着させるという静電塗装ですが、このうちカラーベースは水性塗料なので、霧化してからボディに張り付くまでの間に有機溶剤系塗料のように溶剤が蒸発しない。いわば濡れたままの状態でボディ表面にべしゃっと乗っかるんですね。なのでへたするとそこでだーっとタレてしまうんですが、「プ

レヒート」といって80度Cくらいの熱を数分間かけると、水分が蒸発してなんとか踏みとどまるわけです。このときの温度とその上昇率、時間を上手に設定すれば表面が非常に平滑になります。プラモ作ってる人ならわかるでしょう。同じ塗料でも濃いめに希釈してピースコンで吹けばタレにくくて失敗は少ないけど、表面がざらつきますね。薄めに希釈した塗料をたっぷり吹いてから、タレないように上手に乾かすことができれば乾燥後に塗面が滑らかになって艶がでます。それと同じですね。

ロードスターのカタチの秘密：モデリング

永田　生産技術がすごいというのは納得できましたが、それっていわば「日本車／マツダ車一般論」ですよね。ロードスターならではのデザイン的な特徴はなにかありますか。

福野　**ボディへの写り込みがキレイな理由その③はモデリング**です。

永田　モデリング。

永田　一般に「デザイン」と呼ばれているのは、メカと居住空間で作る3次元空間＝パッケージの外側をくるむ「外板の凸凹の造形作業」のこと、つまり「スタイリング」のことですが、この作業は「スタイリング的作業」と「モデリング的作業」に分かれます。前者の専門職を一般に「デザイナー」、後者の専門職を「モデラー」と呼びます。

永田　ややこしいですが、福野さんがよく「スタイリスト」と書いてるのがデザイナーで、そのほかにモデラーという職種があるんですね。

福野　旧時代は、前者が事務所でアイディアスケッチや外形線図を作成し、後者がそれに従って現場で縮小モデルや原寸大クレイモデルを現場で製作していました。欧米だと古くから前者は事務的な仕事、後者は現場の仕事とされてきました。現代のCAE設計プロセスではスタイリングの作業範囲が大きく拡大し、デザイナーがCAD画面上で3次元形状まである程度作り込んだら、原寸大クレイをCNCで削ります。なのでモデラーの仕事はCNCクレイモデルのリファインの作業になってきています。しかし曲面のつじつまの調整や微妙なニュアンスの美しさなどは、依然としてモデラーの手作業とそれによって培ったノウハウによって大きく左右されています。

永田　じゃあ「同じスタイリングでもモデリングで差が出る」ことがあるということですか。

福野　差が出ます。**日本車のモデリングの傑作はトヨタ2000GTです**。みなさん「2000GTはスタイリングがカッコいい」と言いますが、縦断面と横断面を3次元的に辻褄合わせするときの手法などは、あの時代のGMのビル・ミッチェル、ラリー・シノダ、パサデナのアートセンターカレッジの影響が非常に強いです。またデティールについても「この部分はこのショーカー」「ここはこのプロト」と、その原案になったクルマを指し示すこともできます。

永田　ロータス・エランの影響もありますよね。ドアやボンネット、インパネなど。

福野　ようするにスタイリングに別段画期的なところはない。フロントからサイドに回り込むいわゆるラップラウンド式ウインドウもまた当時のアメリカのスタイリング最前線の流行を取り入れたものです。ただ2000GTの場合はパッケージに読み違いがあって、量産化に向けてのステージ中途で乗降性向上のためAピラーの位置を前進させた（させられた）。これによってフロントからサイドに回り込むAピラーのところで明らかな不連続感が生じてしまっています。これは私が勝手にそう決めつけているのではなく、デビュー時に多くの人が「デザインの汚点」と指摘した部分でした。にもかかわらず、誰が見てもピラーが後方にあった65年の東京モーターショーに出品されたプロト（280A／I型）よりも、Aピラーが前進した生産車の方が美しかった。それは量産化への吟味を行うモデリング作業で、全体のスタイリングを各部徹底的に磨いたからです。

永田　改めて65年のプロトの写真を見ると、なんとなく荒削りな感じがしますね。バランスもちょっとへんです。このまま市販化されてたら、確かにこれほどの名車にはな

トヨタ2000GT：
1965年10月の
第12回東京モーターショー出品 プロトタイプ
280A／I型

トヨタ2000GT：
量産車

ってなかったかもしれません。

福野　2000GTのモデリングは本当に素晴らしい。すべての造形的要素が流れるように連携・連動しているあのモデリングは自動車史の金字塔です。

永田　福野さんに言わせるとスタイリングの殿堂ではなくモデリングの殿堂なんですね。

福野　ただそういうモデリングの妙が100%量産に生きたのは、手作り生産あってこそです。当時はヤマハの下請けで試作車を作っていた腕利きの工場がパネルを手作りしてました。試作レベルの部品を量産したんですから、現場は大変だった。当時フロントフェンダーなどを作っていた愛知県西尾市の畔柳工業に取材に行ったときに、そのときの苦労話を聞きましたが、簡易金型でプレス成形した部品を治具に固定して溶接で継ぎ、叩いて歪みを修正し、フランジなどを折り込んでいくというプロセスだったそうです。

永田　エランは、スタイリングとか似てるとこもありますが、FRPボディなので、実車を見ると2000GTの美しさの比ではないですね。

福野　手作りでスタイリングを入念に表現した2000GTは、ビル・ミッチェルが同じ時期に類似のスタイリング・アイディアから発展させたコルベット('67～C3)も超えたといえますね。

永田　コルベットC3と2000GTが同じアイディアとは思えませんが。

福野　いえ、フロントセクション上面を▲型横断面にして、左右で落ち込んだところからフェンダー断面を斜めに盛り上げたり(クルマを真横から見ると実はボンネットとフェンダーの高さはまったく同じ)、またノーズ先端を真上から見たときの平面形を▲型にすることによって、横断面の▲形状を相殺してノーズ先端の正面形を水平にする造形などはまったく同じ考え方です。モデリングの話に戻りますが、ロードスターのトランクリッドとリアフェンダーのつなぎ目のところって、手で触ってみるとちょっと段差があるでしょう。

永田　(触ってみる)はい。フェンダー側の方がわずかに出っ張ってますか？

福野　これもモデリング的なテクニックなんですね。ここがもしツライチになってると、上からみたときパネル同士のギャップが大きく開いて見えちゃうんですよ。そのせいでこの斜面がだらっとだれてだらしなく見えちゃう。だから斜面の途中でフェンダー側をあえてわずかに一段上げている。こうするとギャップが詰まって斜面もきりっと締まったカタチになる。

永田　考えても見ませんでした。そういうのもモデリング的な手腕なんですね。でも、なんというか、もちろんロードスターもカッコいいとは思いますが、992やボクスターよりカッコいいかと言われたら分からないし、アヴェンタドールのカッコ良さにはまったく太刀打ちできないし、2000GTにはもうはるか遠くおよばない感じがします。

福野　アヴェンタドールがなぜカッコいいかの5大理由を思い出してみてください。

永田　①ボンネットを低くしキャビンを小型化できるミッドシップ・パッケージ、②そのメリットをスタイリングのために妥協なく貫く最適志向設計、③爆発し飛翔するような後方開放型シルエット、④工学的に機能を追求した姿を起源としたスタイリングテーマ、そして⑤何度も同じスタイリングを反復することで生まれる洗練性と言うことでした。

福野　ロードスターをそれに当てはめると？

永田　ロードスターはFR車だから①は最初から無理だし、①がなければ②もないってことになりますね。でも福野さんの論によればオープンカーは③は全員合格、⑤についてもロードスターは初代からスタイリングテーマも受け継いできてるから合格ではないかと思います。

福野　①がなけければアヴェンタドールにはなれませんが、同じミドシップやリヤエンジンであっても②のポイントが甘い911やボクスター、C8コルベットはそれを生かし切ってません。ロードスターはアヴェンタドールの秘密の③と⑤は持ってる。そこに今回お話しした生産技術とモデリング的テクが加わってるわけですからロードスターはカッコいいスポーツカーの条件としてはかなり備えているといえるでしょう。

永田　じゃあ足りないのは④あたりということですか。

ロードスター試乗

借用したロードスターのタイヤはヨコハ

マADVANスポーツV10(OE)の205/45-177。ロードスターは2015年5月のMC→MDのフルチェンジのとき、珍しくタイヤサイズを3ポイントも下げて195/50にするという快挙を実行したが、いつの間にか元サイズに戻ってしまった。1020kg(RS)の車重と1.5ℓ132PSの出力に対してはややオーバータイヤ気味の設定だ。

永田　ひさしぶりにロードスターに乗りましたが、幌を閉じているときは結構加速のたびに吠えてうるさかったエンジン音が、これまたやっぱりオープンにしたらまったく気にならなくなりました。このクルマもオープンにすると乗り心地が良くなった気がします。ジャガーFタイプでiPhoneのアプリを使ってトップの開・閉それぞれの状態での乗り心地を計測したときは、基本的には乗り心地のデータは大差がなく、開・閉での印象の違いはボディ剛性の差や上下振動の差というよりもむしろ音、風、空気、気分などの感覚的な要素が大きいのではないかという結論になりました。

福野　iPhoneのセンサーの測定能力は最大毎秒100回(＝100Hz)なので、フーリエ変換ではその半分の50Hzまでしか解析できません。オープンとクローズの乗り心地の体感差を与えているのはもっと高い周波数かもしれません。幌を閉じた状態でかなり気になるエンジン音と排気音のこもり音はおそらく100Hz付近でしょうが、オープンにすればキャビンは大気開放されて共振のピークは生じませんから、ひょっとして毎秒200回測定できたら値に差が現れる可能性はあります。

永田　トップを開けても閉めてもロードスターは基本的には「サスは硬いけど切れ味がよくて爽やかな乗り心地」です。スーパーセブンに通じるものがあります。

福野　はい。同じことを100回言いますが、「力＝質量×加速度」ですから同じ加速度なら車体が軽いほど加わる力は小さい。ボディが軽ければボディ剛性も局部剛性も相対的に高くなるから、入力が入ったときにボディが変位せずにサスがすっと素直に動く。サスが動けばダンパーも作動して上下動を減衰できる。だから上下にゆすられたり、わなわな響いたり、どしっずしゃっといった衝撃的な振動がなく、入力が一瞬で減衰し響きもゼロ。これが1トン車の乗り心地。0.5トンならさらに超常な現象が現出する

永田　1.5ℓのNAで132PSしかなくても結構走るのもまた軽い車重のおかげですね。

福野　でも低中速ではさすがに力がないね。すくなくとも2500rpmは回ってないと苦しいから、40km/hだと4速に入れる気にはならないし、40km/h以下だと2速にシフトダウンしたくなっちゃう。60年前のクルマみたい。

永田　これでATだともっときついでしょうね。

福野　車重が500kgだったら1.5ℓNAでも十分気持ちいいけど、1トンならターボつけるしかない。まあターボつけると補機と駆動系強化で重くなるけど、そこを頑張って軽量化して欲しい。スーパーセブン160だって車重500kgで660ccにターボついてるし。

霞ヶ関ランプから首都高速・内回りへ。

福野　3500まで回せばそんなに遅くはないんです。だからクルマにこう言われてる気がする。「回せ回せ、どんどん回せ」。

永田　回さないとパワーが出ないのは福野さんが一番嫌いな特性ですね。

福野　だって「やれ回せ、そら回せ」っていうのは、ようするにスピード違反を奨励しているエンジン特性でしょ。30km/hから60km/hまで瞬間ワープする**テスラに乗れば「加速ジャークこそスリルなんだ」、285km/hと900km/hで巡航する新幹線と旅客機に乗れば「スピードそれ自体はスリルじゃないんだ」ということがそれぞれよーくよくわかる**。クルマのスピードなんて危険で迷惑なだけ、以心伝心・自由自在の加速のジャークがあれば、スピード出さなくても機械との対話があり運転の快感がある。

一ノ橋JCTからは2号線を行く。

福野　切り込んだ瞬間のヨーゲインが高いなあ。それとステアリングにちょっとフリクションがある。これちょっとやばいな。60km/hレベルでも怖い。

永田　切った瞬間にぐらっとリヤが崩れる感じですね。

福野　ちょっと横力オーバー気味ですねえ(横力が入るとリヤの旋回外側輪がトーアウト方向にコンプライアンス変化してる)。

永田　リヤはマルチリンクですよね。

福野　アッパーアームが交差してない古典的な独立5リンク式で、コンプライアンス変化を使って仮想キングピン軸が前傾するようにして「制動時横力トーイン」にしているという話だけど、FRでこれだけヨー慣性が低いクルマの場合は、パワーオンで横力トーイン(＝横力アンダー設定)にコンプライアンス変化するようにしておかないと安定感が大きく低下しちゃう。

永田　ということはきびきび感を高める「素人向きスポーツカー」の設定ということでしょうか。

福野　だけどこの個体は肝心なステアリングがよくないからそれもぜんぜん楽しめない。操舵感覚が良ければ対話しながら切っていけるんだけど、操舵感覚がフリクションに埋もれちゃってぜんぜん感覚がつかめないから、ターンインでつい切り込みすぎちゃう。するとリヤサスが横力オーバーになってヨーがばかっとついてあわてる。コーナーごとにその繰り返し。こんなんでニュルブル走ったら1周できないですよ(途中で事故る)。もし極上のステアリングがついてたら、このままのアシでもオーバーになったらカウンター切って駆動力コントロールしながらドリフトすればいいでしょ。でもこんな操舵感じゃ、

よほど体のヨーセンサーが敏感じゃないとオーバーステア・コントロールなんてできない。私には無理。

永田　「乗って走ったら安定感なくて怖かった」ら「まずリヤタイヤ太くして次にサス固めて」っていうチューニングパターンに陥りそうですね。

福野　NB・NCのチーフエンジニアだった貴島孝雄さんは「細いタイヤでバランス出して操縦性よく乗り心地いいクルマを発売しても、みなさんすぐ太いヤイヤに変えちゃう。それなら最初から超扁平でバランス出しといたほうがまだマシです」って言ってた。**クルマの極意とはこれすべて「バランスの追求」なんですが、マニア道とは「アホバカの自認を持って究極の探究をすること」ですから、クルマの極意とは根本的に相容れない**。こればかりはどうしようもない。

永田　正常なバランス感覚の指標からしたら、確かにスーパーカーの存在なんてアホバカの最たるもんですもんねえ。

ロードスターのデザイン

永田　ロードスターのデザイン論の続きですが、ロードスターはとくにモデリングの洗練度が高いということでした。

福野　マツダは伝統的にモデラーの練度が高く、モデリングのレベルが高いメーカーです。バブル時代のユーノス コスモ、ユーノス500、ユーノス プレッソ、初代ロードスターなどはモデリングの素晴らしさが当時から世界的に評価されていました。

永田　モデリングの評価ですか。

福野　スタイリングはそれほどじゃなかったから。

永田　アヴェンタドールって「うわーここのカタチすげえ」みたいなアイディアが満載ですが、「美しさ」みたいな点では2000GTはもちろん、ミウラやデイトナにも遠くおよばない感じがします。モデリングというのはそういうことですか。

福野　2000GTは本当に稀有の例なんですね。あの時代のアートセンター≒ビル・ミッチェルの典型的なスタイリングを日本でモデラーが徹底的に磨き、それを職人が丁寧に手作り生産して100%再現した生まれた奇跡で、それを「スタイリングは平凡だったがモデリングと生産技術はすごかった」と表現したわけですが、じゃあモデリングと

生産技術が素晴らしければ、どんなスタイリングだってクルマはカッコよくなれるのか？と言えばもちろん違います。アヴェンタドールのスタイリングのときに解説してきた通り。やっぱり機能性を感じさせるスタイリングテーマというものが根底にないと、いくらモデリングを頑張ってもただ**曲面の美しさを見せるだけの展示台みたいなスタイリング**になっちゃいがちなんですよね。

永田　曲面の美しさを見せるだけの展示台ですか。

福野　ロードスターのリヤフェンダーに夜の街の光が写り込んでる情景を見て「きれいだなー」と感じるのは、モデリングでボディの3次曲面を徹底的に吟味し、それを正確に鋼板プレス溶接構造のボディに置き換え、レベリングのいい(＝平滑な)美しい塗装で仕上げたというその結果なんですが、冷静に見ればこのクルマのボディは平面形(＝上から見たカタチ)でフロント、リヤ、そしてドアを意識的に絞り込んで両端すぼまり＋コークボトルにすることで、わざとオーバーフェンダーに見せているカタチなわけですよ。コブラ427や初代930ターボみたいに、既存のクルマを改良してトレッドを広げるために機能上オバフェンになったというのと違う。だからオバフェンの背景に機能的な必然性が見えない。このクルマのフェンダーフレアというのは演出として凸凹してるだけなんですよ。そこが**アヴェンタドールにあってロードスターにない「④工学的に機能を追求した姿を起源としたスタイリングテーマ」という部分**ですね。もちろんアヴェンタドールのスタイリングだって戦闘機などと違って姿の99%は演出なわけですが、テーマが1本貫かれているのに多彩なアイディアも詰め込まれている。それを一つにまとめたバランスがすごく高くて、破綻せずにひとつの塊にまとまってる。だからアヴェンタドールは近くで見てもカッコいいが、遠くから見てもやっぱりカッコいいんですね。その点ロードスターは近くから見るとすごくキレイだけど、遠くから見るとテーマ性がなく特徴に乏しく平凡に見えます。

永田　遠くから見ると普通、というのはそういう感じもします。初代ロードスターは遠くから見てもカッコよかったですよね。

福野　はい。なんたって初代のお手本はロータス・エラン。FRスポーツカーの物理の論理をごりごりに追求してすべてをミニマムに作った天才パッケージを拡大コピーして受け継いだ(当時マツダでロードスターの企画担当をしていたアメリカ人が「マツダでエランを作りたいと企画書を出したのは自分だ！」と盛んに自慢していた)から、おのずと機能的なパッケージになった。それをモデリングで一生懸命磨いて完成度を上げてたから、遠くから見ればエランのように凝縮された機能性パッケージがプロポーションに漂い、近くによると完成度の高さと商品力の高さを感じた。初代ロードスターはクルマの出来だけではなく、スタイリングとしてもなかなか傑作だったと思います。だけど現行ロードスターは世界に腐るほどある典型的なロングノーズ・ショートデッキのプロポーションでしょ。いくらこれをコークボトル化でエセ・オバフェンにして高い生産技術とモデリングテクニックで面の綺麗さを見せつけても、100m離れればそこらのスポーツカーと区別がつかない。

永田　Fタイプに似てますよね。4気筒なのになんでこんなノーズ長いの？とは思います。

福野　**いまのマツダのスタイリングのカッコよさの定義はロングノーズにしかない**からね。マツダ3もマツダ6＝アテンザもCX-3もCX-7も、ボディサイズもジャンルも機能性も関係なく、ただノーズ長くしてフロントガラス寝かせて、モデリングで流麗な曲面で飾っただけでしょ。ロードスターは「人間中心にパッケージを全面的にやり直した」と言ってたけど、全長もホイルベースも長くしたくないから、ロングノーズにされちゃったらショートデッキにせざるを得ないというだけのことで、パッケージ論なんて全部後付けの理由です。いまのマツダ車とコンセプトカーを見れば「ロングノーズにさえしときゃカッコよく見えんだろ」という低次のクルマ美意識がスタイリング思想の根底にあることは明らかです。だからいまのマツダのFF小型車はFF小型車のカタチとしての機能美に説得力がなく、クロスオーバー／SUVはクロスオーバー／SUVのカタチとしての機能感に乏しく、FRスポーツカーはFRスポーツカーのカタチとしての本物感がない。ようするに軽薄なんですよ。

永田　以前の福野さんのロードスターのインプレで、ロードスターのデザイナーさんが「スポーツカーの『王』『長島』はショートノーズ＝カウンタックとロングノーズ＝ミウラだが、真っすぐなドラポジを実現するため乗車位置を後退させたロードスターは、カウンタック的なプロポーションからミウラ的プロポーションへと進化したクルマなんですよ」と解説したのを聞いて、心の中で怒り狂ったって書いてましたね(笑)。

福野 おそらく開発中にはあのわけのわからんひどい理屈で重役連中をケムに巻いたんでしょう。出世するデザイナーというのはデザインがうまい人じゃなくて口がうまい人だから(笑)。マツダはエンジニアにもそういう傾向があるんですが、開発中に社内で重役を騙して説得するために使った口上を、そのまま我々マスゴミのプレゼンの表現に使うことが多い。どうせ無知な我らも重役同様にへ理屈でちょろく騙せるだろうと言うことなんでしょうし、残念ながらまさにその通りなんですが、メカの話ならともかく、カッコの話でカウンタックとミウラの例え話はまずかった。私だけでなく皆さん全員憮然としてました。なぜランボはミウラを否定してカウンタックを作ったかと言う進化の背景からすれば「カウンタックがミウラに進化する」なんて死んでもありえない。

永田 それを言うなら「カウンタックからミウラに退化した」ですよね。

福野 だからあれは「クルマの勉強をまったくせずに上辺のカッコでしかクルマを見てない人がロードスターをデザインした」ということを己で証明したようなプレゼンだったと思います。マツダ・ロードスターは「綺麗なカタチ」だとは思うけど、「カッコいいスポーツカー」だとは思わない。やっぱり「カッコいい」というのは上っ面のカタチの凸凹の話だけなんかじゃないんですよ。スポーツカーの姿というのは、もっと奥が深く真剣で真摯なものであるべきです。マツダ車はマツダ3をはじめとしてぜんぜん嫌いじゃないんだが、パッケージまで歪めてのさばるスタイリングの専横がとにかく残念です。あんなわけのわからない屁理屈に簡単に説得させられてしまってる重役も情けない。この本のアヴェンタドールのスタイリングの秘密でもよく読んで、少しはデザイナーを論破しろよと。

永田 はははは。それは言い過ぎです。

福野 はい。言い過ぎです。

SPECIFICATIONS

マツダ・ロードスター Sスペシャルパッケージ
■ボディサイズ：全長3915×全幅1735×全高1235㎜　ホイールベース：2310㎜　■車両重量：1050㎏　■エンジン：直列4気筒DCHC　総排気量：1496㏄　最高出力：97kW（132PS）／7000rpm　最大トルク：152Nm（15.5kgm）／4500rpm　■トランスミッション：6速MT　■駆動方式：RWD　■サスペンション形式：Ⓕダブルウイッシュボーン Ⓡマルチリンク　■ブレーキ：Ⓕベンチレーテッドディスク Ⓡディスク　■タイヤサイズ：Ⓕ&Ⓡ195/50R16　■価格：284万2000円

12

天才ゴードン・マレーの
画期的スーパーカーT.50の再分析
「境界層制御」の予想は的中
エンジンはなぜたったの663PSなのか
なぜ車重1トンの奇跡は実現できたのか
エンジニアチームの分析が炸裂

GMA T.50の分析

マクラーレンF1とT.50

永田　2019年6月に概要が発表されたゴードン・マレーのT.50(※2)、本書第6章では公開されたイラストとマレーの手書きと思われるスケッチをもとにそのエンジニアリング的な内容を分析・予想しました。2020年夏、さらにメカの概要とスペックが公開されたので、「答え合わせ」という意味も含めてさらにその内容を深く分析していきたいと思います。

福野　評論家や雑誌屋である我々素人がいくらアタマひねったって分かることなんてたかが知れてますから、前回同様自動車メーカーのエンジニアの方にも資料を見ていただいて、ご意見をうかがいつつ分析していきます。羊羹センセにも見てもらってます。

永田　去年の時点ではボディの寸法数値や車体後部の大きなファンについて具体的な情報はなにも公開されていなかったのですが、T.50のスケッチと一緒に1993～98年に64台だけ作られたマクラーレンF1のイラストが並んでいたことから、福野さんは両者の図版を合成して「後車軸中心で合わせるとエンジン搭載位置、バスタブ構造モノコック後端位置、モノコックバスタブ形状概要、センターシート位置、ステアリング位置など基本構造はほぼぴたり重なるから、T.50のパッケージはマクラーレンF1ほぼそのままである」と分析しました。主要スペックを見るとこの分析は的中でしたね。マクラーレンとの比較を図1に掲示します。

福野　図版からの検証で「ホイルベースは少し伸びて2750mm前後」としましたが、実際には18mm短くなって2700mmでした。まさか短くしてるとは驚きです。いずれにしても全長×全幅x全高4352mm×1850mm×1164mmというボディ寸法はほとんどマクラーレンF1と同じ、とくに全幅がF1とほぼ同様の1850mmしかないと言う点で「T.50はマクラーレンF1のリメイク」という事実は明確になったと思います。もしこれで全幅2mとか3mとかだったら「マレーも老いぼれたな」と憎まれ口を叩くところでしたが、さすが神様、くだらないことは一切してません。全幅1850mmとは恐れ入りました。

永田　ボクスターが4385mm×1800mm×1280mmですから、それよりちょっと幅が広くて低いくらいという、12気筒車としては驚異的なコンパクトサイズです。それで車重987

図1

		GMA T50	マクラーレンF1 (1993 -1998)
全長		4352mm	4287mm
全幅		1850mm	1820mm
全高		1164mm	1140mm
ホイールベース		2700mm	2718mm
トレッド	前	1586mm	1568mm
	後	1525mm	1472mm
車重(燃料なし)		986kg	1140kg F1 GT :1050kg F1 LM :1062kg F1 GT :1120kg
乾燥重量		95w7kg	――
最低地上高	前	120mm	――
	後	140mm	――
最小回転直径		10.9m	――
燃料タンク容量		80ℓ	90ℓ
エンジンオイル容量		14ℓ	6ℓ
トランク容量	3人乗車時	228ℓ	227ℓ
	2人乗車時	288ℓ	283ℓ
タイヤ	前	235/35-19	235/45-17
	後	295/30-20	315/45-17
ブレーキ径	前	370×34mm CCM-R	332×32mm
	後	340×34mm CCM-R	305×26mm

(※2)正式発表時に車名が「T.50」に改められました。

kg。すごいですね。本当に1トン切ってきましたよ。

福野　987kgは燃料タンクが空の状態の重量ですから、いわゆるDIN車重だと残念ながら1トンは切れません。ハイオクの比重は0.77〜0.78なので燃料タンク容量80ℓ分の質量は61.6kg〜62.4kg、つまり空車重量は1049kg前後ということです。

永田　リヤタイヤが295/30-20なのにも驚きました。通常ならだまって全幅2mの335/30-20ですよね。軽いからタイヤも細くていい、だから乗り心地もおのずとよくなるということでしょうか。

福野　そういうことですね。だいたい太いタイヤとそれを履くホイールは重い。タイヤなんか太くしてたらますますクルマは重くなる。しかもばね下ですからね。昔からタイヤの太さとアタマの悪さはおおむね比例してんですよ。**ボクスターと同じ寸法で600PS級4ℓV12、しかも3人乗れて228ℓの荷室があって車重はマツダ・ロードスタなみ、663PSなのにリヤタイヤ295、ここまで聞いた時点で世界のスポーツカー／スーパーカーは全員地べたにひれ伏して土下座でしょう**。基本構想の次元が違います。27年前のマクラーレンF1の発表・発売時点でも「348の車体寸法でV12で3人乗りで1140kgなんだから全員負け」とあちこち書きましたが、世界中のスーパーカー・ブランドとその設計者は、またしてもたった一人の天才設計者に敗れた。なぜまた破れたかと言えば、マクラーレンF1の天才的設計に誰も何も学ばなかったからです。半分口を開けてフェラーリだかなんだか眺めながら「やっぱサウンドがいいねえ」「スタイリングが官能的だなあ」とかなんとか、そんなことばっか言ってたからでしょう。

永田　ここにも「0.00001％の天才と99.99999％の凡才」の話が出てくるんですね。20世紀の終わりに行われたイベントの「20世紀の名車ランキング」という自動車評論家対象アンケートで、福野さんは「1位マクラーレンF1、以下該当車なし」って回答してましたね。

福野　みなさんもう忘れてるかもですが、マクラーレンF1はほぼロードカー仕様のままル・マンで総合優勝してます(1995年)。60年代終盤〜70年代初頭にはポルシェやフェラーリもロードカーでル・マンに参戦してましたけど、せいぜいリタイヤかクラス優勝で、総合優勝にはほど遠かった。

永田　マクラーレンF1の3人の優勝ドライバーのうちの一人が関谷正徳さんでしたよね。

福野　「エアコンが効いて快適だった」とか。

永田　エアコン付きだったんですか。わはははは。まさにそれこそ「ノーマルのスーパーカーでル・マンに勝った」という武勇伝の真骨頂ですね。今回のT.50でも早速レーシングバーションが発表されてますが、やっぱエアコン付きかな。

ファンの効能

永田　1年前の発表ではマクラーレンF1だけでなく、マレーが1978年に設計して物議を醸したブラバムBT46Bのイラストもそこに並んでました。誰でも当然「ファンの効能はBT46B同様に床下エアの吸引によるダウンフォース発生である」とイメージしたわけですが、本書前章の分析ではこのファンについて、①マレー自筆のイラストには床下の気密を保つために必須のスカートが描かれていないし、路面に凹凸やうねりがある公道ではどのみちサクション効果を一定に維持することはできないから、このファンの第一義的な目的はエンジンのクーリングで、ダウンフォース獲得は二次的効能では。②ファンの空力的な効果についても直接ダウンフォースを作るのではなく、アンダーフロアを流れる気流のうち、床面のすぐ近くを流れる「境界層」を吸引することによってデフューザーへ導入する空気流を整流しダウンフォースを高めるという「境界層制御」にあるのではないか。③ファンはエンジン前方クランク同軸に配置したジェネレーターで発電／回生充電し、モーター駆動で回転数制御しているだろう、などと予想しました。

福野　図2はマレーが今回、1年前の手書きイラストの上から「はい、これが正解ですよー」とばかりに描き加えた解説です。Ⓐのとこに「デフューザー・バウンダリーレイヤー・コントロール」と書いてあります。**このBoundary Layerの日本語訳が「境界層」。バウンダリーレイヤー・コントロールで「境界層制御」**です。

永田　100%正解だったわけですね。

福野　あの時点でこの用語を使ってこのファンの効能の解説をしたのは、世界でおそらく我々だけだったと思います(記事は雑誌「GENROQ」で公開)。記事を書く前に日本語と英語で「T50 Boundary Layer」など、言葉を変えながら徹底的に英語検索してみましたが、一件もヒットしませんでした。実際には境界層はデフューザーが立ち上がったところの壁面の穴から吸引しており(図2のⒷ)、デフューザーの前にエンジンルームへのインテークがあるという設計だったようですが(Ⓒ)。

永田　ずいぶんデフューザーが急激に立ち上がってますね。

図2

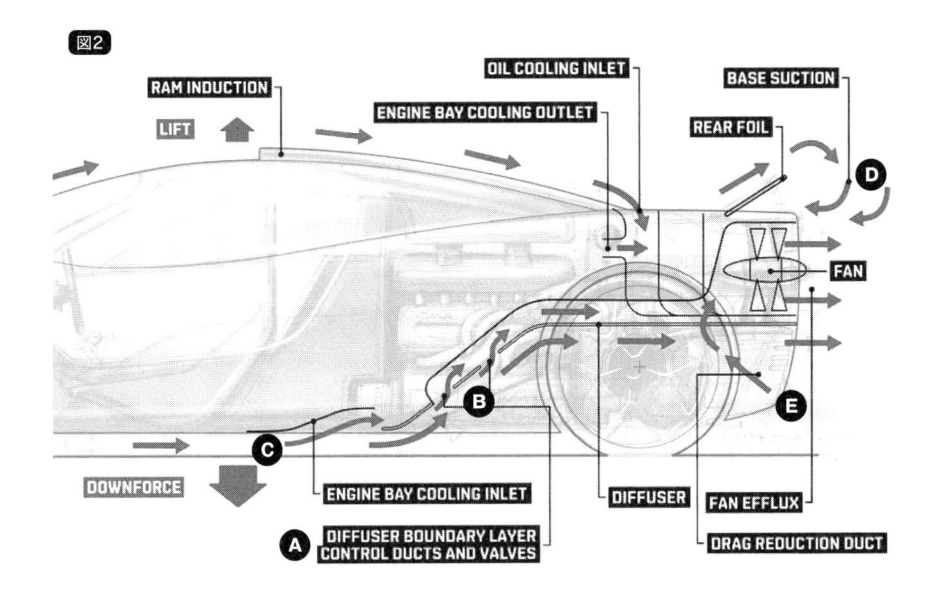

福野　はい。さすがマレーです。レーシングカーでは気流が剥離しないようにデフューザーの立ち上がり部の縦断面形状をなだらかな徐変的曲線にしますが、こうするとロードカーの場合、地面のうねりや凹凸で車高が変化すると剥離点が移動してしまってダウンフォースが逆に不安定になるんですね。ロードカーではデフューザーの入口部は逆にパキっと折ったほうがダウンフォースが安定する。エンジニアに教えてもらった話なんで本当です。

永田　直径400㎜のファンを利用した6つの空力モードがあるということです。①**自動モード**、②**ブレーキモード**、この①②は自動選択です。③④⑤⑥が手動選択モードで③**ハイダウンフォース**、④**直線モード**、⑤**Vマックス**、⑥**テストモード**(静止時)。

福野　ファンへと導かれる空気流路にフラップを設けるなどして、フラップの開閉制御と可動式リヤウイングの併用によって、車両のエアロダイナミクスを切り替えるということでしょう。②はブレーキング時にウイングを45度に立ち上げ空気抵抗を与えると同時に、ウイングの後方乱流も吸引するようです(図2❶)。ファンの回転も上げてダウンフォースを得るという説明ですが、スカートがないのでいくらファン回したってダウンフォースなんか生じない。ここは「**境界層制御フラップを開けて境界層を吸引することでデフューザーの効果を上げダウンフォースを高める**」という意味でしょう。

永田　じゃあ①の自動モードでは境界層制御はしてないんですね。

福野　そのようです。③ハイダウンフォースモードもブレーキモードに似ていて、可動ウイング角を10度に起こしてデフューザーから境界層吸引する。これで「ダウンフォース30%増加」とありますから、**境界層吸引による空力効果はかなりある**のではと思います。④直線モードでは境界層制御フラップを閉じてダウンフォースを減らし、同時にたぶん車体上面からのエア流路を開いて上面の境界層を吸うんでしょう。ウイングにも少し迎角をつける(−10度)。これによってドラッグ(空気抵抗)を減少するわけです。図2の後方に「ドラッグリダクションダクト(Ⓔ)」とあって、後方乱流を吸引しているように描いてます。これらを称して「バーチャル・ロングテール(=仮想ロングテール)」と呼んだのは、さすがにセンスがあります。マクラーレンF1でもGTRやLMはロングテール仕様にしてましたが、ファンと可動ウイングでこれをバーチャルでやるんだという発想が素晴らしい。

永田　なるほど。

福野　⑤Vマックスモードでは48VのISGを利用します。ISGというのはご存知の通りIntegrated Starter Generator=「スターターモーター兼用発電機」のことで、各社マイルドハイブリッドで広く使われてますね。本車の場合は48V/20kWのISGをエンジン前方・クランク同軸に装着、②や③のモードではエンジンでISGを駆動して発電した電気でファンを回し、①では回生してバッテリーに充電するわけですが(キャパシターという予想は大ハズレ)、⑤ではそのバッテリーの電力を使ってISGをモーターとして駆動、クランクシャフトにその出力をアドオンするということです(最大3分間/約30HPのアドオン)。もちろんエンジン始動時にもISGをスターターとして使います。いずれもマイルドハイブリッドですでにお馴染みのロジックで、まあこれはファンの駆動電力の発電のオマケみたいなもんですね。

永田　はい。

福野　ファンによる境界層制御だけでなく、ウイングの可動も併用してドラッグを低減したりダウンフォース高めたりラムエア効果でエンジン出力をアップしたりと、いろいろな工夫があって本当に面白い。ここまでやっているとは思わなかった。本当に感心しました。さすがマレー、天才です。

なぜたった663PSなのか
なぜ4ℓV12NAなのか

永田　ではコスワース製GMA 4ℓV12エンジンについてです。

福野　この件も我々素人の脳内妄想ではなく、きちんとプロのバックアップを得て分析します。エンジンについては某メーカー現役のエンジニアの方に分析をお願いしましたが、他社製品の分析・評価ということになってしまうため、直接座談に参加していただけないのが大変残念です。

永田　T.50の発売より一足早く、同じくF1エンジニアだったエイドリアン・ニューウェイが設計に参加したアストンマーティン・ヴァリキリーが登場しますが、こちらも1050〜1100kgの車重を目指していて、エンジンは同じコスワース製でも6.5ℓのV12 NA、1160PS/10500rpm、900Nm/6000rpmという超高性能を標榜しています。対してT.50は3394ccの排気量で663PS/11500rpm、467Nm/9000rpmという、その約5〜6割しかない、かなり見劣りするスペックです。「T.50は実質マクラーレンF1のリメイク」ということですが、マクラーレンはBMW製S70/2＝6064ccのV12を搭載してました(627PS/7500rpm、651Nm/5600rpm)。このあたりがまず大きな疑問ですね。

福野　マクラーレンF1の設計の開発のとき、マレーはF1でマクラーレンにエンジン供給してたホンダにエンジン開発を打診した。関係者に聞いたところ、そのときの要求は「12気筒で600PS以上、排気量は自由」だったらしい。マレーはNSXのV6を2基連結したエンジンをイメージしていたのではないかと思いますが、ホンダは「興味なし」とけんもほろろに蹴っ飛ばした。それでマレーはブラバム時代に付き合いのあったBMWに泣き込んだ。BMWもなるべくカネかけず既存の市販エンジンを流用したかったので、なりゆきで6.1ℓになったと聞いてます。

永田　最初に「600PSありき」ですか。でも今回に関してはマレーは排気量も指示したのではないでしょうか。だってコスワースは先行してヴァルキリー用6.5ℓV12を設計してたわけですから、それを流用する案は当然出たはずです。マレーは1ℓ3気筒のシティカーの開発にこの30年間血道を上げてきましたが実現せず、資金集めのためにT.50を作ったんではという話もありますね。1ℓ3気筒×4＝4ℓV12なので。

福野　シティカーとT.50のエンジンでは条件が違いますが、確かにシミュレーションとか一部ノウハウは共用できますね。ただ直接このクルマで「資金集め」はできないでしょう。1台3億3000万円じゃ100台売れたってたかが330億円でしょ。半分が儲けだとしたって160億にしかならない。そんな端金じゃ開発費にもなりません。エンジニアは「T.50はパトロン探しの撒き餌じゃね？」といってましたが(笑)。

永田　クルマの開発にはおカネがかかるもんなんですねえ。

福野　この種のスーパーカーは真面目に作ったらまず儲けは出ません。大メーカーが広告塔として真面目に作ったスーパーカーなんてみんな大赤字です。スポーツカー専業メーカーはそこはもうよくわかってるから、クルマにカネなんか絶対かけない。極限まで安く作って法外な値段で売りつけ、がっつり儲ける。これが生き残っていくための極意です。そういうクルマを売りつけられても、買った人はスタイリング見て「サウンド」聞いて泣いて喜び、しばしガレージの肥やしにしてあきたらプレミアつきで転売して大儲けできるんですから、それはそれでうまく回ってるわけです。みなさんはそれを笑って見ながら、ご自分だけはへんなものに憧れて巻き込まれないように十分ご注意なされば、それでいいわけです。

永田　それならなおさら、なぜあえておカネかけてまでマレーは4ℓV12NAを新作したんでしょう。

福野　馬力がものを言うのは最高速と超高速からの追い越し加速だけです。本書のプロローグで言ったように空気抵抗Cd×A(抗力係数×前面投影面積)が同じなら、馬力は最高速度のおおむね3乗に比例して必要だからです。

永田　125PSで200㎞/h出るスポーツカーで1.5倍の300㎞/h出すには、馬力

を1.5倍の3乗(＝3.375倍)である422PSにしなければならないし、そのクルマで400km/h出したいなら2³＝8倍の1000PSが必要、ということでした。

福野　はい。ヴァルキリーが1160PSなのは「最高速度世界一」になりたいからでしょうが、そんなくだらない世界一は馬力を上げさえすればすぐ破れます。125PSで200km/h出るスポーツカーで600km/h出したいなら3375PS、800km/h出したけりゃ8000PSあればいいだけなので。最高速なんて単なる馬力の領収書です。

永田　うはははは、うまいこといいますね。**「最高速は馬力の領収書」**。

福野　馬力を絞ればエンジンは小型・軽量にできます。この4ℓV12NAはエンジン単体で重量178kgしかありませんが、3.5ℓV12時代のF1エンジンの単体重量が150kg前後だったことを考えると、量産車としては驚異的な軽さです。また変速機、駆動系、冷却装置なども出力に応じてサイズと重量が決まるから、馬力を絞れば軽くできます。馬力が低ければ燃料消費量も減って燃料タンク容量も小さくできます。

永田　「天使のサイクル」の出発点は馬力だと。

福野　400km/hの最高速を発揮する場所はないが、加速ならどこでも発揮できます。しかし加速にも1000PSなんていらない。加速は馬力ではなくトラクションで決まる。もう一回言います。トラクションを左右する要素は駆動方式、前後重量配分、ホイルベース、重心高、そして路面とタイヤで作るμです。ミドシップやRRにして動的な駆動輪荷重を大きくしたり、4WDの駆動力制御などを巧みに行うことで、ギヤの減速によってトルク増幅したエンジン出力＝パワーをホイルスピンさせずに「すべて」加速に変えることがもしできたとしたら(＝トラクション効率100%)、μ＝1のとき1Gの加速が可能です。スポーツタイヤとサーキットの路面だと最大μ＝1.2くらいまでは行きますから、トラクション効率100%ならば最大平均1.2の加速ができます。**車速への到達時間は速度(m/s)÷{加速度(G)×重力加速度(9.81)}**で計算できますから、到達車速を100km/hとすれば、100mを3.6で割ってm/sに換算(＝27.78m/s)、1.2Gかける重力加速度9.81m/s(＝11.77)でこれを割れば「2.36」。すなわちμ＝1.2の条件でトラクション効率100%のクルマが発揮できる加速性能の物理的限界は0→100km/h＝2.36秒です。ドラッグレースのように特殊舗装で、しかもタイヤをバーンアウトしてμを3.2とか3.3とかにできるなら、「ウソ8000PS」でゼロヨン4.5秒も可能ですが、公道のアスファルト舗装じゃどんなタイヤ履いたってμ＝1.2以上は出ないから、どんだけ馬力を上げてもホイルスピンするだけで理論的に0→100km/h＝2.36秒より速くは加速できません。

永田　もしどっかのEVスポーツカーが加速テストを公開して「0→100km/h＝1.8秒」なんて実証して見せたら、まず路面を見ろということでしたね。そこってドラッグコースじゃねえの？と。

福野　ようするに1000PSなんかあったってまったく無駄ということです。1160PSなんていう馬力を出せば、すべてが大きく重くなる。もしそれをNAでやれとなれば回転を上げないとそんな馬力は到底出ませんから、回転部分の遠心力が増すため、さらに各部強化しないとぶっ壊れます。**「馬力の領収書」のために「悪魔のサイクル」のドツボに入る**。まあそこはエイドリアン・ニューウェイ、なんとか無理やり軽量化するのかもしれませんが、仮に達成したってすべては無駄手間ですよ。物置のためにわざわざ苦労してRR車作るのと同じ。こういうのを日本では「骨折り損のくたびれ儲け」といいます。マレーは馬鹿じゃないからそういう徒労はしない。ただし4ℓV12だって軽くはないし短くもない。V12にしたのはスーパーカーとしてのエンタメ性のためで、私は個人的にはこの決定だけには、なんのシンパシーも感じません。だいたい排気量が小さいNAエンジンは低回転域でトルクが小さい。ギヤリングを低くしてエンジン回転を上げれば低速度域でもパワーは出ますが、同じ速度で走っているときのエンジン回転が高くてうるさくなります。マレーがマクラーレンF1のあとに作ったライト・カンパニーのロケットは、ヤマハFZR1100の145PSエンジンを5速MTごと積み(副変速機付きで前進10段)、ファイナルを下げてトルク増幅して350kgの車体を加速させてましたが、60km/hで普通に街中走るだけで6000rpm回さなきゃいけない。うるせえのうるさくねえのって、アタマおかしくなりそうでしたよ。乗用車エンジンのスーパーセブンはゆっくり走らせても速く走らせても気持ちのいいクルマですが、ロケットはそこらへんをただ走るだけでもの凄いストレスだった。

永田　マレーにはそういうクルマ作った「前科」があるということでした。

福野　理屈では確かに「ギヤリングでトルク増幅すりゃなんでも同じ」なんだけど、同じ速度ならエンジン回転数が高いほどストレスは大きい。だから同じ車速で同じパワーをより高いギヤリング+より低いエンジン回転で出せるターボのほうがクルマには向いている。一番向いているのはモーターです。

永田　福野さん的にはテスラ・ロードスターのほうが期待上と。

福野　まあ、いまのあんなクソ重いバッテリーじゃ航続距離と車重がもろにバーターですからね。テスラ・ロードスターは車重未公表だけど、バッテリーパックはモデルSのロングレンジの2倍の200kWhらしいから、車重2トンは軽く超えるでしょう。これじゃいくら重心高が低くて加速が速くたって、コーナリングもブレーキングもスーパースポーツなどとはとてもいえない。せいぜいYouTubeのゼロヨン競争に勝ってヒーヒー喜ぶくらいが関の山では。日産e powerのようなシリーズ式ハイブリッド(エンジンは発電のみ行って、作った電気を地産地消でモーター回し走る)なら蓄電池不要で軽くできるからスポーツカー向きだと思います。

エンジニアの視点

福野　ここからはエンジン設計者に見ていただいたコスワースGMA4ℓV12エンジンの特徴を。

永田　この長い排気管ですが、エキパイが通常の1-2-3、4-5-6じゃなくて1-3-5、2-4-6に見えると話題になってますね。

福野　一般に「慣性排気のための等長エキマニ」なんてよく言いますが、実際に設計してみると、そのためには6000rpmで各気筒のブランチは1mくらい必要らしいんですね。12000rpmも回すならだからなるたけ集合部までを長くしたい。その取り回しの関係で、同位相で動いてる2番と5番の点火順を入れ替え1-3-5、2-4-6で等間隔点火にしたのでは、ということです。

永田　とすると吸気は？

福野　エンジン後部のギヤトレインでカム駆動してますが、動画を見ると黒いVVT（可変バルタイ機構）がついてますね。もともと脈動は吸気より排気のほうが大きいので、VVT動かしてオーバーラップのときに排気の慣性で吸気を吸ってやれば、高回転域でも掃気効果を発揮できる。なのでいまどき流行らない可変吸気とか、そういうくだらないことはしてない。でかいサージタンクの上流にエアフローメーターなしのスロットルボディが各バンク2個づつついてるだけ。

永田　独立スロットルとかもやってないんですね。

福野　**独スロは踏んだ瞬間のレスポンスがいいのがメリットですが、排ガス適合を前提とすると、ECUの制御ロジックの構築が非常に難しい**そうです。サージタンクの上流にスロットルをつけてタンク内にエアを集めといて、各気筒がそれぞれ勝手に吸うほうがロジック構築がはるかに楽。馬力だけ言えばスロットルの通路面積さえ確保できてりゃいいわけだし。

永田　だから6.5ℓもあるヴァリキリーは片バンク1個づつしかスロットルがないんですね。

福野　ヴァリキリーは電制MTだから、スロットル制御に電制をフルに入れてるんでしょう。T.50はMTなので、もうちょっと人間のアクセル操作に対して反応がダイレクトに出るように「例えば低回転ではプライマリースロットルから吸気し、高回転域でセカンダリースロットルを開くとか、シーケンシャル制御にしてるのかもしれない」という分析です。オートバイのレースエンジンではメカスロをアクセル操作通りに動かして操縦感を高める一方、対でついてる電制スロットルで空気量の補正やトラコン制御を行ってエンジン制御としてのロバスト性を保証するという機構が存在したそうですが、そういうこともあり得るだろうということです。

永田　電制MTと手動MTの違いかあ。

福野　4ストロークのV12はクランク2回転＝720°で12回点火しますから、等間隔点火にするためにはクランクピンオフセットとバンク角の合計が720°÷12＝60°になるようにするのが普通ですが、GMAはバンク角がフェラーリV12のように65°です。エンジニアの方が発表図版をもとに、CADを使ってコンロッドのローカス（ふれ回り最大範囲）を描いて重ねてくれました（図3）。連桿比を大きくするとローカスは小さくなりますが、シリンダーが上にずれていくのでエンジンが高くなる。描いてみたら連桿比3.5に設定したら図のクランク中心でデッキハイトが一致したとのことですが、シリンダーの下端はローカスぎりぎりです。

永田　確かに。

福野　ライナーなしのアルミブロックの場合、ハイシリコン材を使って鋳造し、ホーニングでシリコンを露出させる（吸引鋳造が得意なコスワースはたぶん鋳造性が非常に

図3

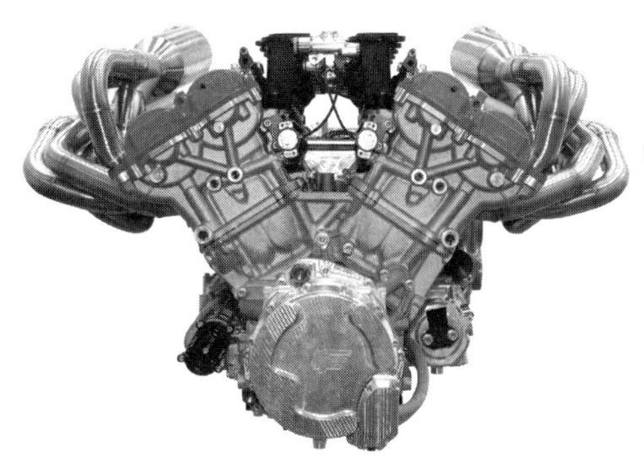

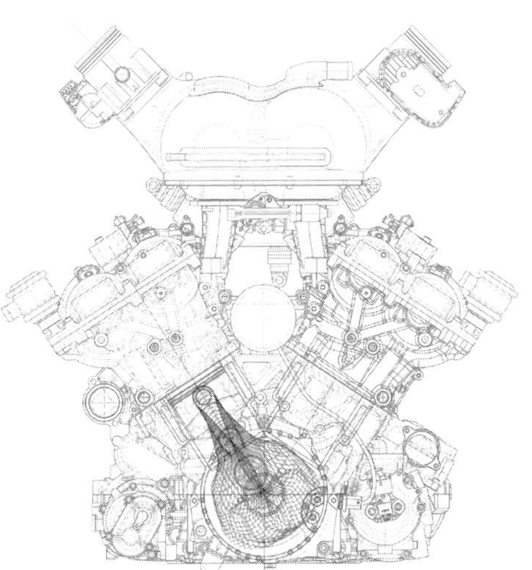

悪いハイシリコン鋳造はやってない)、あるいはGT-RやLFAみたく鉄溶射、または一般的なニカジルめっき(ニッケルと炭化ケイ素の複合めっき)するかですが、後2者の場合はシリンダー下端でマスキングや液漏れ防止のシールをしないとその加工ができない。だからシリンダー下端に図のような段差がいるわけです。この段差もバンク角65°でぎりぎり、これ以上バンク角を狭くすると左右シリンダーが干渉して切り欠いちゃいます。なのでこれがバンク角65°の理由ではないかということでした。もちろんバンク角が何度であろうと、それに合わせてクランクピンをスプリットにして、左右バンクのコンロッドを左右独立してつければ等間隔点火にできますが、スプリットピンにするとクランク剛性が落ちる。また**不等間隔点火でトルク変動が気になるのは低回転域だけで、回転が上がれば上がるほど気にならなくなる**。それでクランクピン共用の不等間隔点火にしているんだろうと。

永田　なるほど。

福野　あと面白いことを聞いたんですが、不等間隔点火にすると高回転域でエンジン音が豊かになるという傾向があるらしいです。等間隔点火の純粋で単純な音に対して雑味が増してサウンドに奥行きが出るということでしょうか。

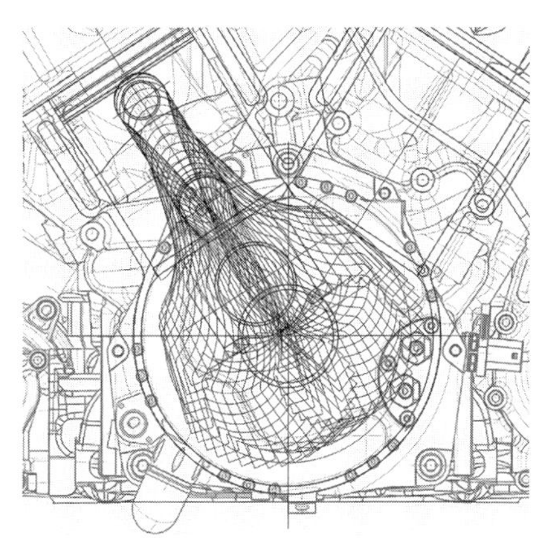

自動車エンジニアがCADで作図してくれたコンロッドのローカスの推測

永田　エフェクターのコーラスみたいなもんですかね。変調して遅延させた音を重ねてユニゾン効果を出すという。しかしたったこの図1枚でそこまで解っちゃうんですか。

福野　もっと分析してくれました。やっぱプロは半端ない。我々素人の独自研究や脳内妄想なんかいくら読んでも無駄だってことがよーくわかります。

エンジンの分析―続き

福野　このエンジンの正面図をみていると妙なことに気がつくんですね。連桿比を小さくしただけあって確かにデッキハイトは低いんですが、代わりにヘッドがやたらとデカいんですよ。サージタンクやマニホールドの背が高くても質量が小さいんでさして問題にならないですが、ヘッドがやたらデカくて高いのはエンジン重心にかかわってきます。さらにエンジンの設計者は、この図をみてすぐ、シリンダーの軸線に対して吸排気のカムの中心がどちらのバンクも外側にオフセットしていることに気がつきました(図4の黒線と吸排気カムの関係)。

永田　確かにずれてます。

福野　これは市販車用のロッカーアームを使ってるからじゃないかと。

永田　ロッカーアーム？

福野　えーと、はい、F1のエンジンだっていまはロッカーアームですよ。直打式は剛性が高いから使える加速度は大きいけど、運動部が重いので質量剛性比で考えたら逆に不利。だから19000rpm回してた時代のF1エンジンも、往復運動部の質量が小さく剛性も高いアーム比1の直押フィンガーフォロアータイプのロッカーアームを使ってました。この場合、吸排気ともにロッカーをセンターピボット式にすれば、ヘッド幅もエンジン幅もコンパクトに収まって軽量になります。図5はホンダNSXのJNC型3.5ℓV6のヘッドですが、F1と同じようにレバー比が1に近い直押フィンガーフォロアーをセンターピボットしてます。最高回転数がF1よりずっと低いし耐久性もはるかに要求されるので、ピボットシャフトは吸排気で別々

図4

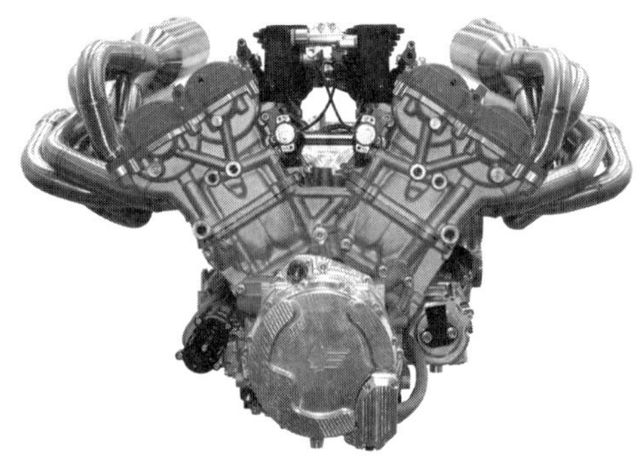

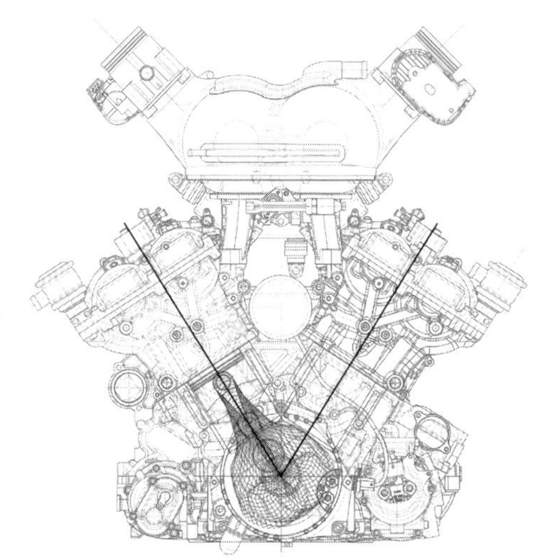

図5

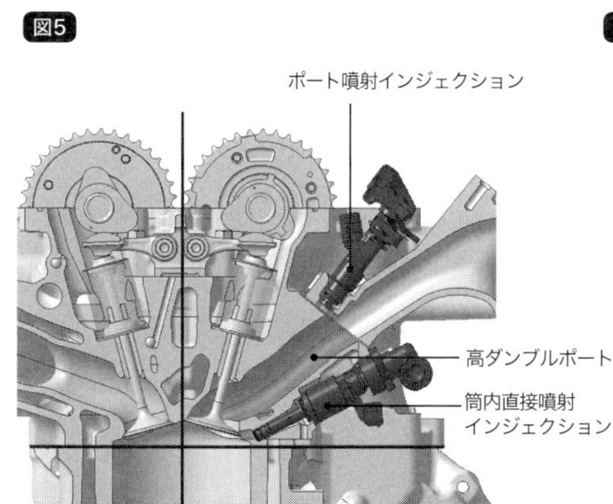

図6

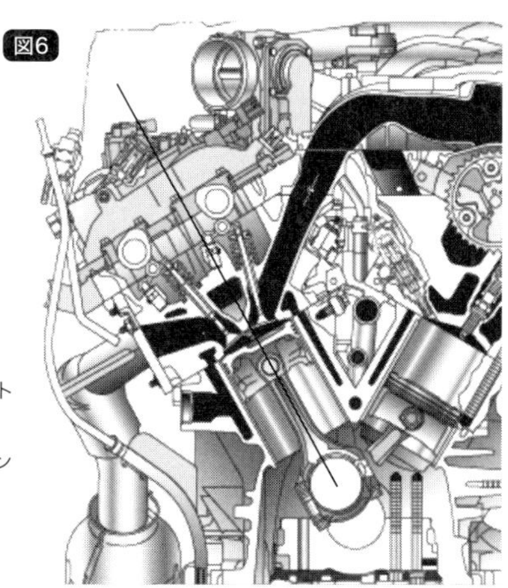

にしてロッカーも短くしてますが。ちなみに図5のエンジンではシリンダーの軸線と吸排気カムの位置関係はほぼ真っ直ぐですよね。図6はトヨタの乗用車用V6エンジンのヘッド周りです。ローラーロッカーを使い、さらに吸排気でロッカーのピボット位置を変えて排気側をアウターピボットにしています。なぜかというとピボット側からカムノーズが回転してくる方が摺動ロスが少ないからです。この場合は吸排気カムの位置がまさにT.50のエンジンのようにシリンダー軸線よりも外側にきています。

永田　なるほどなるほど。確かにオフセットしてる感じがT.50と似てます。

福野　ローラーロッカーは摺動抵抗が低いので燃費向上には有利ですが、可動質量が大きくなるし、カム軸とバルブの間にデカいローラーが入るのでヘッドが高くなりがちです。T.50のヘッドはまさにそういう感じなんですね。**ひょっとすると市販車の部品を流用したローラーロッカーを使ってるのでは？**というのがエンジニアの分析。

永田　うーむ。たしかになんか異様にヘッドが大きくて頭でっかちに見えてきました。

福野　あとヘッドカバーの先端のカムのところに妙な丸い出っ張りが見えますね(図7)。さっき言ったようにこのエンジンはヘッド後端でカムをギヤ駆動してますが、V12や直6のような長いカムの場合、高回転まで回すとバルブスプリングの反発力によってカムがねじれ振動を起こしてバルブタイミングが不正になるという怪奇現象が起こるらしく、F1のV12では吸排気カムを駆動の

図7

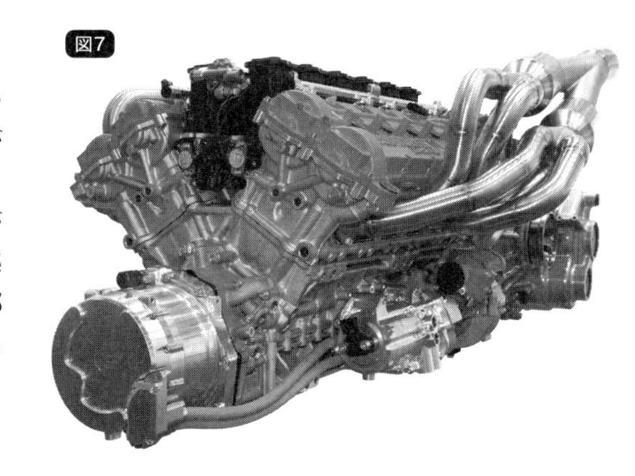

反対側でもギヤで左右連結した例があったそうです。しかしそれをやっちゃうと当然VVTが動かなくなっちゃう。だからこの出っ張りの中にはなにかカムのねじり振動を抑える仕掛け、**ビスカスダンパーのような機構が入ってるかもしれない**というのがエンジニアチームの予測でした。

永田　写真1枚でそんなことまで予想しちゃうと。

福野　あとは補機類。オイルのスカベンジポンプが左右にあります。メインは右バンク側ですが、左バンクのヘッドのオイルを右のスカベンジポンプに引き回すのは面倒なので、左バンクにサブのスカベンジポンプを配置している。左バンク後端のギヤドライブ部から動力を引き出してウオポンをまず回し、ウオポンの駆動部からさらにスカベンジポンプに連結しています。

永田　あと目立つのはエンジン前端の巨大なISGですね。このエンジンの場合は48V／20kWのISGをクランク同軸に装着し、エンジンでISGを回して発電した電気で後部の例のファンを駆動したり、動力回生してバッテリーに充電したり、さらにそのバッテリーの電力を使ってISGをモーター代わりに回してクランクシャフトにパワーを逆にアドオンする(最大3分間／約30HP)といった使い分けをすると公表されています。

福野　マイルドハイブリッド同様にエンジン始動もISGをスターターとして使います。1年前にポンチ絵を見たときはキャパシタ内蔵かと思いましたが、オレンジ色の高圧線を引き回してるので普通にバッテリー充電です。**外装がすっぽりケーシングに包まれているのは水冷式だから**です。冷却水の入り口のプラグも見えてます。

永田　アドオン時以外は発電機ということですから、当然エンジンのパワーを食ってるわけですよね。

福野　もちろんです。20kWだから27.2PS。エンジン的に言えば低回転域では結構なパワーロスということですが、ともかく車重が軽いからエンジンの負荷も小さく、影響は少ないのでしょう。

サスペンション

永田　GMAからリヤ周りの3D図が公表されました。「ロワアームがない！」「さてはドライブシャフト兼用か？」なんて憶測が飛びました。

福野　あははははは。そんなまさか。3D図ですから途中で切れてるだけですよ。片側だけロワアームを書き足しておきました(図8のⓐ)。横からの画像を見てもブレーキローターの下にアームなどは突出してないので、ハブ側はこのようにアップライトの腕の上部にピボットしてるんでしょう(ⓑ)。YouTube動画で一瞬だけデフューザー内部にロワアームが映っていますが、ほとんど下反角はついてないので、トランスアクスル側のピボットはこれくらいの高さかなと(ⓒ)。3D図ですからサスの瞬間中心までは分析できませんが、**後輪駆動ですから当然フロントよりロールセンターを低くしてリヤ左右の荷重分担をフロントより抑え、左右輪のグリップを均等化してトラクションを向上させている**と思います。横置き変速機なのでトランスアクスルの横幅が非常に大きく、デフューザーの容積が思ったより小さい(幅

図7

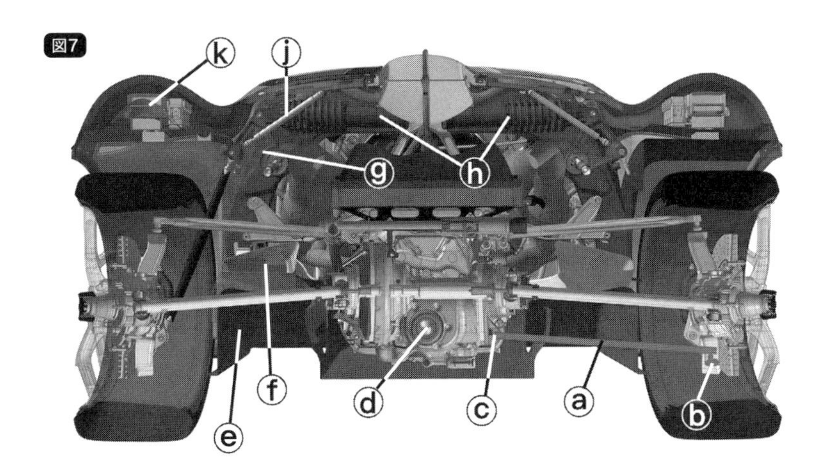

が狭い)ですね(ⓔ)。アウトプットの位置もクランクセンター(ⓓ)よりかなり高くてドライブシャフトに下反角がついてます。ヨー慣性低減を優先し、あえて幅広の横置きトランスアクスルにしたんでしょう。**デフューザーの中にダクトが見えてますが、これがたぶんファンを使って吸い込む境界層の排出ダクト(ⓕ)**。

永田　横置きのダンパーが見えてます。

福野　ハブから黒いコントロールアームが上に伸び、ベルクランク(ⓖ)で向きをかえ、エンジン上に水平に置いたコイル+ダンパーユニット(ⓗ)を押しています。サスストロークはバウンド／リバウンドともせいぜい30〜40㎜でしょう。ベルクランクの剛性や取り付け剛性が低いと、その変形でばねレートの何割かを食っちゃうという超常現象が起きますが、さすがにCFRPモノコック直付けだし、ベルクランクもCNC加工と思しき三角形で剛性は高そうです。

永田　ダンパーユニットを水平置きにしたのは何故でしょう。

福野　**レーシングカー同様デフューザー内をからっぽにするため**ですね。マクラーレンF1でもコイル+ダンパーはデフューザー内に入らないようにサスの前側につけてました。

永田　ベルクランクのところにもう1本アームが見えるんですが(ⓙ)これは？

福野　サス部品ではなくてエンジンカウルのガスダンパーだと思います(笑)。こんなところに見えてますが、3Dなんで実際は中に浮いてる。

永田　そういうことですか。あと左右のフェンダーの上になにやら機器がありますが(ⓚ)。

福野　CPUですね。ご存知のように冷却が肝心ですので冷えるとこに置いてるのかなと。付け加えますと**エンジニアチームがもっとも首を傾げていたのは排ガス対策**です。EUならVVTと2次エア使って、おなじみの「買収と裏工作」でもすれば簡単にすり抜けられるでしょうが、アメリカはそうはいかない。安全基準も甘くない。マクラーレン

F1のロードカーがたったの64台しか売れなかったのはアメリカの排ガスと保安基準にはばまれたからです。ディーゼルゲートのあおりでアメリカはさらに厳格化してる。アメリカで売れないとスポーツカーは商売になりません。T.50が100台売り切ることができるかどうかはアメリカにかかっています。それを見越して早々とレーシングバージョンを発表したのかも(レースカーなら保安基準関係なしなので)。

マレーの夢

永田　GMA T.50、まとめとしてどうでしょう。

福野　ボクスターサイズの車体に4ℓV12／663PS、3人乗り＋トランク容量288ℓ、そして車重1トン。**くだらない最高速なんかきっぱりすてたからこそ天使のサイクルに乗って遥かな高みまで舞い、そうして生まれた本当の本物のスーパーカーです。他のクルマが全部アホに見える**。乗る機会は一生ないでしょうが、多分操縦性でも乗り心地でも従来のスーパーカーとはまったく異次元のパフォーマンスを発揮すると思います。30年前マクラーレンF1が出たとき、コンセプト、パッケージ、エンジニアリング、生産技術、そして実際の運転感、そのすべてが完璧だと知って、私はマクラーレンF1の信者になりました。だけどベンツSLRをみたときに、ああこのオヤジも終わったなと心底失望した。自重1768kgのAT車作るなんて腐ったと。だけどあれはマレーの本心じゃなかったんですね。

永田　本心じゃなかった。

福野　マレー本人に会って直接その口から話を聞いたというある日本のエンジニアが言ってたんですが、SLRも最初はマクラーレンF1なみの1.2トンクラスでマレーは計画してたらしいんですよ。ところがベンツが**「ベンツの名前を冠する限りは、我が社の耐久性基準をすべてクリアしないと絶対ダメ」とか馬鹿を言い始めた**。仕方なく一つ一つの部品でその社内基準を達成していったら、いつのまにか1.8トンのブタになってたということらしい。

永田　なんか第1期ホンダF1の話と似てますね(→エンジニアリングの知識のない人間に耐久性の付与を強要されRA273の戦闘力がゼロになった逸話)。しかし耐久性ってそんなに重くなるんですか。

福野　マレー自身もびっくりしたようです。そういうもんなんですねえ。

永田　SLRそのものはマルチマチックが製造したんでしたね。

福野　カナダで作ったのはCFRPバスタブだけです。アストンのone-77の場合は車体関係の設計まで全部丸投げですけどね。

永田　その話はちょっとがっかりしました。

福野　なんで？　クルマ作った経験や実績がない社内でへんなもの設計･開発するより、マルチマチックとかポルシェとかロータスのような開発経験豊富なエンジアリング会社に丸投げした方が、早くて安くていいクルマがずらずらできるじゃないですか。

永田　まあそうなんですが。

福野　ちなみにエンジンに関しては、F1のレギュレーションが変わってワンシーズンのエンジン使い回しを要求されるようになって以降、耐久性シミュレーションのソフトウエアの開発がどんどん進んで、予測精度が飛躍的に向上したらしい。コスワースも今回は当然それを駆使してぎりぎりまで「限界設計」してエンジンを軽量化したはず。だとしてもベンツやトヨタみたいに、最高出力発生回転で72時間とかの耐久性を要求されたら、エンジン単体で軽く200kg以上になっちまったはずです。それを178kgに抑えることができたのは、ようするに「割り切った」からでしょう。例えば**「常用域はせいぜい400PS以下、それ以上は例え回しても刹那の使用でしかないんだから、疲労強度(=永久寿命)なんか保証する必要はない」**とかですね。駆動系やサスや車体にしたって、あのテのクルマで5万kmとか6万km乗る人なんて世界に一人もいない。**ようするに「ガレージの肥やし」なんだから、一般スポーツカーのような耐久性なんかいらない**。それならギリギリまで軽くできますね。自分で企画して自分で作って自分の責任で売るなら、ベンツやポルシェには死んだってできないような徹底的な割り切りができる。だから車重1トンも実現できた。

永田　急にわかってきました。T.50の秘密がいまはっきりと見えた気がします。

福野　ゴードン・マレーがこの30年間、**実は心の中で「マクラーレンF1こそ理想のスーパーカーだ」と確信していて、人生の集大成として最後にもう一回それを命がけでリメイクした**、私はそのことに本当に感動しました。なぜなら自分もこの30年間、マクラーレンF1こそ最高だとずっと信じてきたからです。ロクでもないスーパーカーのオンパレードの中にあって、本当にいいものを最後に見せてもらったと感謝しています。

SPECIFICATIONS

GMA T.50

■ボディサイズ：全長4352×全幅1850×全高1164㎜　ホイールベース：2700㎜　■車両重量：986㎏　■エンジン：V型12気筒DCHC　総排気量：3994cc　最高出力：488kW（663PS）／11500rpm　最大トルク：467Nm（47.6kgm）／9000rpm　■トランスミッション：6速MT　■駆動方式：RWD　■サスペンション形式：Ⓕ&Ⓡダブルウイッシュボーン　■ブレーキ：Ⓕ&Ⓡベンチレーテッドディスク　■タイヤサイズ：Ⓕ235/35R19 Ⓡ295/30R20

謝辞とあとがき

本書は私の65冊目の著書です。

本書の記述の背景となった物理的な基礎知識を授けてくださり、GMA T.50の分析にも参加してくださった匿名エンジニアのお三人、単行本「クルマの教室」の「Aさん」＝モーターファン・イラストレーテッド誌連載「バブルの死角」の「自動車設計者」、「クルマの教室」の「Bさん」＝「バブルの死角」の「シャシ設計者」＝本書中には「羊羹センセ」として登場するサスペンション設計者、そして「クルマの教室」Cさんチームの一員で「バブルの死角」の「エンジン設計者」でもある某メーカー現役設計者さん、みなさんに感謝を述べたいと思います。

この御三方の助言なしには、説得力のあるスポーツカー論を展開することはできませんでした。先生方から教えていただいたクルマ学が、ここではデザイン論やポルシェ進化論、各車のインプレッションなど、私の独断流自動車論や評価とごた混ぜに登場してしまっていることは、何卒お許し願いたいと思っています。教えていただいたことがちゃんと自分の知識と精神の一部になっている、これはその証だと思っていただきたいです。

GENROQの編集長として連載記事の執筆をご提案いただき、私に再びスポーツカー論を語るチャンスを与えてくれた永田元輔さん。単行本の出版に当たってもその編集作業や校正作業だけでなく、営業部や取次店との交渉にも奔走してくださいました。「頑固なスーパーカーマニア」の役まで買って出てくださった永田さんがいなければ、ここまで意地になってスポーツカー論することもなかったでしょう。本書がこの世に生まれ、そして面白くなったとするなら、それはまったく永田さんのおかげです。

本書の仕掛け人は「クルマの神様」では編集作業を担当してくださった(株)三栄の鈴木慎一局長。鈴木さんは私のスポーツカー論の最大の理解者です。

このような内容の記述にもかかわらず、高価で貴重なスポーツカーを快く貸してくださった自動車メーカーの方々にも感謝を述べたいと思います。クルマを貸してくださるからこそ、私たちはこの仕事を続けていくことができるのです。

「ブランドを崇拝しないならクルマは貸さない」「あれこれ評価をするならクルマは貸さない」「一人の顧客がお前のことが嫌いだと言ってるからクルマは貸さない」

こんな自動車メーカーも現実に存在するのですから、それを顧みれば、ポルシェ社をはじめとして黙って我々にクルマを貸してくださり、そして自由に評価することを許してくださっている自動車メーカーのありがたさが身に染みます。本書に登場するスポーツカーを製造・販売しているのは、私ごときザコがなにをホザこうが意に介さない大きな視野と度量をお持ちのスポーツカー・メーカーばかり。それを「一流」というのでしょう。

私のわがままで、本書は横書きの書籍にしていただきました。

日本語を悪くいうつもりなど毛頭ありませんが、日本語の縦書きの表記は計算式のような表記とは相性が悪いですね。縦書き表記に歴史と伝統のプライドを抱いている日本の社会でも、さすがに「縦書きの算数の教科書」や「縦書きの理科の教科書」は、「縦書きの英語の教科書」同様、存在しないでしょう？

本書に収録した記事は、いまも毎月「GENROQ」誌上で「福野礼一郎の熱宇宙」というタイトルで連載を続けていますが、毎号の執筆はとにかく縦書き表記との格闘です。

数字は原稿執筆の段階ですべてあらかじめ全角で打っておきますが、**速度(km/h÷3.6＝m/s)÷加速タイム÷重力加速度9.81**なーんて記述がでてきてしまうと「え、縦書きどーしよお」とアタマを抱えてしまいます。結局**速度(km／h ÷ 3・8 ＝ m／s)÷ 加速タイム ÷ 重力加速度9・81**と打って入稿するしかないのですが、マトモなライターなら縦書きの記述に計算式なんか持ち出すのは最初からやめておきますよね。

だからこそ日本の縦書きの自動車雑誌は基本的に言語ですべてを表現する「文学」にならざるを得ず、算数や理科や科学や物理を駆使した自動車論にはなりにくいんです。発祥以来日本の多くの自動車雑誌のこれこそ根本的な欠点です。

思い切って横書きに改めたからこそ、本書では存分に暴れることができました。

ここでは馬力の単位には仏馬力のPS、トルクの単位にはSIのNmを使用しています。「GENROQ」本誌ではいまでも仏馬力の表記に「ps」を使っているようですが、みなさんよくご存知の通り（ウィキペディアにも書いてある通り）SI単位の導入に際してその細則を定めた計量法(平成四年施行 法律第51号)が施行された際、一般的に長く使われてきた仏馬力の併用を暫定的に認めるとともに、形式指定の申請書類など公式文書においては仏馬力の表記をPSとするよう規定、その第八条の２において「ps」の表記の禁止を明確に規定しました。自動車メーカーのカタログ表記でもkWとともに仏馬力を併記していますが、その表記はちゃんとPSになっています。

専門用語、自動車用語、外来語などの表記については私のいつもの自己流です。

「GENROQ」での連載時には「編集部内統一表記」＝「ゲンロク語」に書き換え

てあった部分も多々ありましたが、本書ではすべて元原稿通りの記述に戻しました。「ps」を「PS」と書かなくてはいけないのは法律ですが、「パワートレイン」をとくに意図なく「パワートレーン」と書き、会話の口語では「きのう首都高を60キロ、1500回転で走ってたらさあ」を「きのう首都高を60km/h、1500rpmで走ってたらさあ」とは書かないのは、これすべて私の表現の自由だからです。そしてひとつの文章中であえて表記方法を変えたとしたって、それも表現の自由だと思います。

日本の自動車雑誌では、このような著者の表現の自由を奪って表記を勝手に書き換え、表記と用語を自分らの表記方法に統一するのが一般的ですが、PSのように法律によって表記の統一に対する全国的な指針を示せるならばともかく、雑誌ごとに好き勝手な表記を作っておいて、雑誌内だけで統一するなんていう改悪作業は「エゴのための無駄手間」以外のなにものでもありませんよね。じつにくだらない。

経験的にいうと記事の内容の本質が理解できない／理解しようとしない編集者に限って、表記や言葉など、そういう本質的ではなくどうでもいいことにこだわることで己の存在意義を周囲にアピールし、さらに自分自身の慰めにも活用している場合が多いのですが(永田さんの場合はただ頑固なだけ)、エンジニアとお話をしていると、自動車の開発においてもこうした官僚的な方針が、設計の足を毎日毎夜引っ張っているそうです。まあこればっかりは日本が沈没するまで治らんでしょうね。

ともあれ本書をお読みくださりありがとうございました。本書における最大最高の貢献者は、間違いなく本書を買ってくださったみなさまです。本当にどうもありがとうございました。

福野礼一郎（ふくの・れいいちろう）

東京都生まれ。自動車評論家。自動車の特質を慣例や風評に頼らず、材質や構造から冷静に分析し論評。自動車に限らない領域に対する旺盛な知識欲が綿密な取材を呼び、積み重ねてきた経験と相乗し、独自の世界を築くに至っている。著書は「クルマはかくして作られる」（二玄社、カーグラフィック）、「人とものの賛歌」（三栄）、「クルマ論評」（三栄）など多数。本書は65冊目である。

福野礼一郎
スポーツカー論

2022年6月5日　初版 第1刷発行

著者：福野礼一郎

発行人：伊藤秀伸
編集人：永田元輔

発行元：株式会社三栄
〒163-1126
東京都新宿区西新宿 6-22-1　新宿スクエアタワー 26F
受注センター：TEL 048-988-6011　FAX 048-988-7651
販売部：TEL 03-6773-5250

印刷製本所　凸版印刷株式会社
SAN-EI CORPORATION
PRINTED IN JAPAN 凸版印刷
ISBN 978-4-7796-4618-8